河南太行山猕猴国家级自然保护区（博爱段）动物科学考察集

赵 拓 主编

中国林业出版社

图书在版编目（CIP）数据

河南太行山猕猴国家级自然保护区（博爱段）动物科学考察集 / 赵拓主编. -- 北京：中国林业出版社，2024.7. -- ISBN 978-7-5219-2839-6

Ⅰ. Q958.526.1

中国国家版本馆 CIP 数据核字第 2024RA2830 号

策划编辑：马吉萍
责任编辑：马吉萍　杜娟

出版发行：中国林业出版社
　　　　　（100009，北京市刘海胡同7号，电话 010-83143595）
电子邮箱：cfphzbs@163.com
网　址：https://www.cfph.net
印　刷：河北京平诚乾印刷有限公司
版　次：2024 年 7 月第 1 版
印　次：2024 年 7 月第 1 次印刷
开　本：787mm×1092mm 1/16
印　张：16
字　数：250 千字
定　价：158 元

编辑委员会

顾　问　路纪琪　赵海鹏　牛　瑶
主　编　赵　拓
副主编　田军东　薛宝林　吴　凡　王　超[①]　张燕杰
　　　　张春旺　王天平　冯千凤　高聪会
编　委（按姓氏笔画排序）
　　　　王　宇　王　艳　王　超[②]　王　鑫　王大军
　　　　毋　冬　冯　凯　司孟迪　朱露丹　刘丽波
　　　　买光明　李　军　李成源　李宇超　李军启
　　　　邱双娟　张小永　张卫红　张东东　张茂茂
　　　　张林芳　陈　超　尚　杰　赵志国　赵德智
　　　　高孟韩　郭艳兵　桑景晨　葛元松　葛红旗
　　　　程磊磊　温佳佳
摄　影　张春旺　赵金录　李飞键　田军东

---

① 1984年10月出生，中共党员，助理工程师，现任国有博爱林场副场长。
② 1989年2月出生，现任国有博爱林场助理工程师。

前 言

　　生物多样性是人类赖以生存和发展的基础，是地球生命共同体的血脉和根基，为人类提供了丰富多样的生产和生活必需品、健康安全的生态环境和独特别致的景观文化。中国是世界上生物多样性最丰富的国家之一，为有效应对生物多样性面临的挑战、全面提升生物多样性保护水平，构建了以国家公园为主体的自然保护地体系，率先在国际上提出和实施生态保护红线制度，明确生物多样性保护优先区域。2021年10月，中共中央办公厅、国务院办公厅印发的《关于进一步加强生物多样性保护的意见》中指出，推进生物多样性保护优先区域和国家战略区域的本底调查与评估是生物多样性保护的总体目标之一。

　　河南太行山猕猴国家级自然保护区（34°54′~35°40′N，112°02′~113°45′E）位于河南省西北部的太行山南端，是1998年经国务院批准成立的野生动物类型自然保护区，主要保护对象为猕猴及森林生态系统。保护区（博爱段）位于保护区中部偏东侧（35°18′~35°21′N，112°59′~113°7′E），东接焦作市中站区，西与沁阳市相邻，北与山西省晋城市接壤，总面积26.5 km²。该段保护区属太行山前低山丘陵区，地势起伏较大，地貌主要为剥蚀山地，海拔最高为980 m。由于受地形地貌等自然条件限制以及人为活动干扰等影响，保护区内生物多样性受干扰较为严重，但其对太行山南端动物分布的完整性、连通性颇为重要，因而，亟待摸清该区域内动物资源本底。

为摸清河南太行山猕猴国家级自然保护区（博爱段）野生动物资源本底，在《河南太行山猕猴国家级自然保护区（焦作段）科学考察集》完成的基础上，河南太行山猕猴国家级自然保护区博爱保护中心组织技术人员，在郑州大学、焦作市林业局及河南太行山猕猴国家级自然保护区焦作保护中心的大力支持和帮助下，对河南太行山猕猴国家级自然保护区（博爱段）野生动物资源进行了全面、深入的调查，经整理、编制，最后完成《河南太行山猕猴国家级自然保护区（博爱段）动物科学考察集》。

本考察集第一章主要介绍了保护区（博爱段）的自然地理概况、气候特征和自然灾害等；第二章主要介绍了保护区（博爱段）的动物资源概况；第三、四、五、六和七章分别介绍了保护区（博爱段）的兽类、鸟类、爬行类、两栖类和鱼类等脊椎动物；第八章介绍了保护区（博爱段）的无脊椎动物物种名录；其中，本考察集包含数十种未曾在太行山河南段记录的脊椎动物和昆虫等。

本书可作为从事自然保护区动物资源保护、管理与利用等工作人员的参考书，也可作为动物资源研究人员的参考资料。由于编者学识有限，且野外考察时间相对较短、覆盖范围有限等，本书难免有疏漏和不妥之处，诚请各位专家、读者批评指正。

2024 年 5 月

目 录

第1章 综 述 ·· 001
    1.1 自然地理概况 ···002
    1.2 气候特征及常见自然灾害概况 ····································003
    1.3 植物资源概况 ···004
    1.4 动物资源概述 ···005
    1.5 重点保护动物资源概况 ··005
    1.6 保护区管理 ··006

第2章 野生动物资源概述 ·· 009
    2.1 野生动物物种组成 ··010
    2.2 区系特征与分布特点 ···011
    2.3 保护区现状及存在的问题 ··012
    2.4 保护和管理建议 ···012

第3章 兽 类 ·· 015
    3.1 兽类物种名录 ···016
    3.2 种类组成及区系分析 ···018
    3.3 重点关注兽类 ···019
    3.4 保护措施及建议 ···034

第4章 鸟 类 ·· 037
    4.1 鸟类物种名录 ···038

4.2 区系特征与居留型 …………………………………………… 044
4.3 重点保护鸟类 ………………………………………………… 045
4.4 鸟类的保护 …………………………………………………… 051

第5章 爬行类 …………………………………………… 053
5.1 爬行类物种名录 ……………………………………………… 054
5.2 区系与分布型分析 …………………………………………… 055
5.3 重点保护爬行类 ……………………………………………… 055
5.4 爬行类的保护 ………………………………………………… 059

第6章 两栖类 …………………………………………… 061
6.1 两栖类物种名录 ……………………………………………… 062
6.2 区系、分布型与生态型分析 ………………………………… 063
6.3 重点保护两栖类 ……………………………………………… 063
6.4 两栖动物的保护 ……………………………………………… 065

第7章 鱼 类 ……………………………………………… 067
7.1 鱼类物种名录 ………………………………………………… 068
7.2 区系与生态型分析 …………………………………………… 069
7.3 重要经济鱼类 ………………………………………………… 070
7.4 鱼类的保护 …………………………………………………… 073

第8章 无脊椎动物 ……………………………………… 075
8.1 昆虫纲物种名录 ……………………………………………… 076
8.2 非昆虫纲节肢动物门物种名录 ……………………………… 108
8.3 非节肢动物门无脊椎动物物种名录 ………………………… 109

附录1 中华人民共和国野生动物保护法 ………………………… 111
附录2 国家重点保护野生动物名录 ……………………………… 125
图片展示 …………………………………………………………… 165

第 1 章

综 述

河南太行山猕猴国家级自然保护区（34°54′~35°40′N，112°02′~113°45′E）位于河南省西北部的太行山南端，是1998年经国务院批准成立的野生动物类型自然保护区，主要保护对象为猕猴及森林生态系统。2010年国务院常务会议审议通过的《中国生物多样性保护战略与行动计划》（2011—2030）将太行山区列为生物多样性保护优先区域。2016年，环境保护部发布的《中国生物多样性保护优先区域范围》公告，明确了河南太行山猕猴国家级自然保护区为中国生物多样性保护优先区域。2024年1月，河南太行山猕猴国家级自然保护区被纳入国家林业和草原局发布的《陆生野生动物重要栖息地名录》（第一批）。

1.1 自然地理概况

河南太行山猕猴国家级自然保护区位于河南省西北部，跨新乡、焦作、济源三个地市，东起新乡市辉县，西至济源市邵原镇黄背角斗顶，南临黄河，北至山西省省界，与山西省晋城、运城相邻，总面积566 km²。保护区位于中国第二级地貌台阶向第三级地貌台阶过渡地带，东南侧是豫北平原，总体地势由西北向东南倾斜，由北向南渐低；地貌由山区和平原两大基本结构单元构成；地形变化较大，包括山地、丘陵、岗地、平原、滩地和洼地等类型；保护区属黄河水系（如蟒河、沁河、丹河）与海河水系（如大沙河），地表水以河流、水库等形式存在，以季节性河流居多，地下水分为孔隙水和岩溶水；保护区属暖温带大陆季风气候，四季分明，冬冷夏热（叶永忠 等，2015）。

该保护区位于山西中条隆起西南边缘，大地构造复杂，褶皱和断裂十分发育，东西部有明显差异：东部显示出燕山期（199.6~133.9 Ma）以来的构造运动特征，形成了保护区东部的构造主体；而西部则呈现出新太古代（2800~2500 Ma）五台构造期以来多次构造运动的总和，构成一个复杂的北西向断裂褶皱带，形成保护区西部的构造架构（宋朝枢和瞿文元，1996）。

河南太行山猕猴国家级自然保护区（博爱段）（35°18′~35°21′N，112°59′~113°7′E）位于保护区中部偏东（图1–1），呈略东西向、狭长的"N"字形区域。

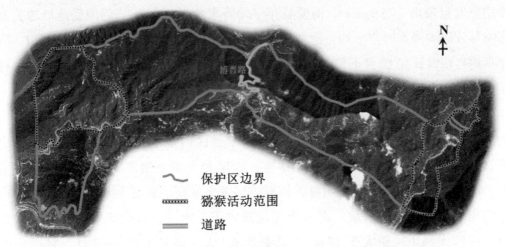

图 1-1　太行山猕猴国家级自然保护区（博爱段）区域示意图

1.2　气候特征及常见自然灾害概况

　　河南太行山猕猴国家级自然保护区（以下简称"保护区"）属暖温带大陆性季风气候。该地区因地处欧亚大陆东南部，受大陆气团和海洋气团交替影响显著，使得冬季盛行西北风，夏季盛行东南风，冬冷夏热，四季分明，光、热、水三大气象要素同步。保护区整体气候特点为：春季回暖迟，夏热天数少，秋季降温早，冬季冷期长，相对湿度大，云雾时日多。然而，由于保护区内层峦叠嶂、沟壑纵横，导致区内的光、热、水气象因素出现局域性差异，造就较多小气候环境。保护区（博爱段）年平均气温14.8℃，年平均最高气温20.5℃，年平均最低气温9.9℃；极端最高气温41.1℃，出现在1992年7月2日；极端最低气温-22.4℃，出现在1990年2月1日；3—6月增温明显，9—12月降温急剧，秋季温度低于春季温度，7月、8月、1月、2月气温变化平稳。初霜期在10月下旬，终霜期在4月中旬，无霜期约210天。

　　保护区降水量具有年际变化大与降水较集中的特征，年平均降水量548.8 mm，丰年降水量可在900 mm以上（1996年929.8 mm），而枯年降水量仅约300 mm（1997年295.5 mm）；大气降水主要集中在7—9月，降水量约占全年的70%；春季（3—5月）降水90~100 mm，夏季（6—8月）降水325~360 mm，秋季（9—11月）降水150~160 mm，冬季（12月至翌年2月）降水25 mm以下。保护区大气降水的时空分布特征，奠定了保护区内地表径流量周期性变化的水文基础。保护区（博爱段）年平均水面蒸发量2006.6 mm，6月平均蒸发量最大（325 mm），1月平均蒸发量最小（75.9 mm）。博爱县年平均降水量为540 mm，但因受地形地貌等影响导致区内降水时空不均，通常山区降水量略高。区内初雪期在12月上旬，历年平均初积雪日在12月下旬，平均终积雪日在翌年2月中旬。冰冻期一般在12月至翌年3月，是限制野生动物尤其是猕猴种群生存和发展的关键时段。

受地形地貌以及气候气象因素影响，保护区内易发生干旱、洪涝、雷暴雨、大风、冰雹和寒潮等自然灾害。第一，干旱是区内最主要的自然灾害之一，出现次数多，危害面积大，主要有春旱、伏旱和冬旱。第二，因区内多剥蚀地形，沟壑纵横，季节性降水明显，如夏季多发雷暴雨，故易导致洪涝发生，并可伴随出现山体崩坍、滑坡、泥石流等地质灾害。第三，因受地形地貌等因素影响，该区大风（风速大于17 m/s）日数为6.3天，多发生在4—7月，对区内的林木生长有一定负面影响。第四，短时冰雹是该地区较严重的自然灾害之一，年均0.5次，多出现于5—9月，6月最多（占36%以上），其发生时常伴随狂风暴雨，时间短，危害大。第五，因强冷空气南下致使气温急剧降低而造成寒潮，保护区寒潮最早出现在10月下旬，最晚出现在翌年4月上旬，以11月和3月出现次数最多，寒潮可显著影响群内植物及相关生物资源，其中包括猕猴在内的野生动物可直接取食的植物及间接取食的资源，从而对野生动物保护造成不利影响。

1.3　植物资源概况

《太行山猕猴自然保护区科学考察集》记录河南太行山猕猴国家级自然保护区内维管植物有1689种（含变种、亚种），分别隶属于163科734属（宋朝枢和瞿文元，1996）。植物区系地理成分分析显示，该区蕨类植物中世界广布科占比最高（47.8%，11/23），具有温带和热带的双重性和亲缘性；种子植物区系分析显示，北温带分布型属占比最高（35.3%，196/627），而泛热带分布型、旧世界温带分布型、世界广布型和东亚分布型分别占12.4%、11.5%、11.3%和9.7%。保护区植被可划分为6个植被型83个群系，植被类型包括针叶林、阔叶林、竹林、灌丛级草灌丛、草甸、沼泽植被和水生植被（宋朝枢和瞿文元，1996）。

《河南太行山猕猴国家级自然保护区（焦作段）科学考察集》记录野生维管植物1716种（含变种、亚种），分别隶属153科690属（叶永忠 等，2015）。对焦作段植物区系地理成分分析显示，该地区植物具有明显过渡特征，泛热带和温带分布科较多，纯温带分布科较少，但泛热带至温带科仅含有少数几属或数种，体现出热带植物边缘的分布特征，在全世界广布科中以主产温带地区的属种居多（叶永忠 等，2015）。

根据最新调查结果，河南太行山猕猴国家级自然保护区（博爱段）有维管植物 113 科 379 属 767 种（含变种、亚种、变型），其中包括蕨类植物 11 科 15 属 33 种，裸子植物 4 科 5 属 9 种，被子植物 98 科 359 属 725 种。本段区域内植物区系成分以华中成分为主，华北、西南、华东、西北植物区系成分兼有；保护区（博爱段）植物区系地理成分多样，区系联系广泛，其中，属水平上呈现出热带成分以泛热带成分为主、温带成分以北温带成分为主的特征；植物群落可归为 6 个植被型组、9 个植被型、64 个群系。

1.4 动物资源概述

《太行山猕猴自然保护区科学考察集》记录河南太行山猕猴国家级自然保护区内动物有 697 种（含亚种），分别隶属于 95 科；其中，兽类区系地理成分中分布于古北界和东洋界种占比分别为 55.9% 和 14.7%，鸟类区系地理成分中广布种、古北界和东洋界种占比分别为 57.1%、25.0% 和 17.9%，爬行类区系地理成分中广布种、古北界和东洋界种占比分别为 42%、29% 和 29%，两栖类区系地理成分中广布种、古北界和东洋界种占比分别为 50%、25% 和 25%，整体呈现出动物区系的过渡带特征（宋朝枢和瞿文元，1996）。

《河南太行山猕猴国家级自然保护区（焦作段）科学考察集》记录野生动物 1000 种（含亚种），分别隶属 256 科；其中，兽类 6 目 40 种，鸟类 17 目 145 种，爬行类 2 目 17 种，两栖类 2 目 9 种，鱼类 5 目 29 种，昆虫 19 目 760 种；对陆栖脊椎动物区系地理成分分析显示，古北界种成分占 43.6%（92/240），东洋界种成分占 17.1%（36/240），广布种有 80 种，占比 37.9%，总体显示该地区在动物地理区划中呈现动物区系南北混杂、相互渗透的过渡带特征（叶永忠 等，2015）。

1.5 重点保护动物资源概况

依据《太行山猕猴自然保护区科学考察集》（宋朝枢和瞿文元，1996）和《河南太行山猕猴国家级自然保护区（焦作段）科学考察集》（叶永忠 等，2015）所记录野生动物资源，结合实际调查与走访等发现，该地区重点保护野生动物主要有猕猴（*Macaca mulatta*）、豹（*Panthera pardus*）、金雕（*Aquila chrysaetos*）、豹猫

（*Prionailurus bengalensis*）、貉（*Nyctereutes procyonoides*）等物种。近些年来，通过野外巡护以及相机监测等方式，基本掌握了该区域内重点保护动物资源，但对这些物种的科学研究相对匮乏。例如，猕猴作为保护区的主要保护对象，仅有相关种群数量与分布调查工作（路纪琪 等，1999；Lu et al.，2007；叶永忠 等，2015），且记述到保护区（博爱段）西侧青天河村一带有猕猴群活动（叶永忠 等，2015），但在2004—2005年野外调查期间并未记录该区域存在猕猴群（Lu et al.，2007）；近年发现，该地区东侧的孤山一带有猕猴群活动，且频繁被红外相机抓拍到，推测该群体可能由群英水库附近猴群衍生而出（路纪琪 等，1999；Lu et al.，2007）。

猕猴在中国有6个亚种，其中华北亚种（*Macaca mulatta tcheliensis*）现仅栖息于太行山南端，故而常被称为"太行山猕猴"（Lu et al.，2007）。太行山猕猴为中国自然分布纬度最高的现生猕猴（Zhang et al.，1989；Qu et al.，1993），在形态上、分子水平上等均表现出与本地生态环境相适应的特征（蒋学龙 等，1991；Zhang & Shi，1993；Liu et al.，2018），而且最新研究显示，由于受生境破碎化等因素影响，使得保护区东端（辉县）、西端（济源市等）太行山猕猴已呈现出基因流受阻困境（Zhou et al.，2023）。因而，探究保护区（博爱段）的太行山猕猴东西端连通性问题，对开展科学保护太行山猕猴有积极意义。

1.6 保护区管理

河南太行山猕猴国家级自然保护区于1998年经国务院批准成立，是在1982年河南省人民政府建立的济源猕猴省级自然保护区、太行山禁猎禁伐区，以及1991年河南省人民政府批建的沁阳白松岭省级自然保护区、辉县白云寺林场及济源市、沁阳市、辉县市、修武县、博爱县和中站区部分林地连接一起，联合扩建而成的。保护区成立以来，于2004年进行了功能区调整，于2009年进行了范围和功能区调整。保护区现有总面积566 km^2，其中核心区面积为205.26 km^2（占36.2%），缓冲区面积为113.02 km^2（占20%），实验区面积为247.72 km^2（占43.8%）。

河南太行山猕猴国家级自然保护区管理机构为事业单位，实行三级法人制：省级成立河南省伏牛山太行山国家级自然保护区管理总站；总站下设济源管理局、焦作管理局和新乡管理处；其中焦作管理局是2003年经焦作市人民政府批准成立的正科级全供事业单位，下设修武、博爱、沁阳和焦作林场四个管理分局；隶属于焦作管理局的博爱管理分局成立于2004年，与河南省国有博爱林场合署办公。博爱县机构编制委员会发布文件《关于县自然资源局所属事业单位重塑性改革有关机构编制事项的批复》,将"河南太行山国家级自然保护区博爱管理分局"更名为"河南太行山国家级自然保护区博爱保护中心",仍与国有博爱林场合署办公。

河南太行山猕猴国家级自然保护区(博爱段)为保护区的实验区,整体略呈"N"形(图1-1),自西向东分别设有靳家岭保护站、大塘保护站和南坡保护站。保护区(博爱段)位于保护区焦作辖区中部偏东,由于受限于地形地貌等自然条件,以及早期强烈人为活动干扰等影响,区内自然环境和动物生物多样性均受到不同程度的干扰,影响较为严重,但其对东西向太行山南端动物分布的完整性、连通性颇为重要,因此,亟待摸清该区域内动物资源本底。

主要参考文献

蒋学龙, 王应祥, 马世来, 1991. 中国猕猴的分类与分布 [J]. 动物学研究, 3: 241-247.

路纪琪, 吕九全, 张建军, 等. 1999. 太行山区修武县猕猴现状 [J]. 野生动物, 5: 10-11.

宋朝枢, 瞿文元, 1996. 太行山猕猴自然保护区科学考察集 [M]. 北京: 中国林业出版社.

叶永忠, 路纪琪, 赵利新, 2015. 河南太行山猕猴国家级自然保护区(焦作段)科学考察集 [M]. 郑州: 河南科学技术出版社.

LIU Z, TAN X, OROZCO-TERWENGEL P, et al, 2018. Population genomics of wild Chinese rhesus macaques reveals a dynamic demographic history and local adaptation, with implications for biomedical research [J]. Gigascience, 7 (9): 1-14.

LU J Q, HOU J H, WANG H F, et al, 2007. Current status of *Macaca mulatta* in Taihangshan Mountains area, Jiyuan, Henan, China [J]. International Journal of Primatology, 28 (5): 1085-1091.

QU W Y, ZHANG Y Z, MANRY D, et al, 1993. Rhesus monkeys (*Macaca mulatta*) in the Taihang Mountains, Jiyuan County, Henan, China [J]. International Journal of Primatology, 14 (4): 607-621.

ZHANG Y P, SHI L M, 1993. Phylogeny of rhesus monkeys (*Macaca mulatta*) as revealed by mitochondrial DNA restriction enzyme analysis [J]. International Journal of Primatology, 14 (4): 587-605.

ZHANG Y Z, QUAN G Q, LIU Y L, et al, 1989. Extinction of rhesus monkeys (*Macaca mulatta*) in Xinglung, North China [J]. International Journal of Primatology, 10 (4): 375-381.

ZHOU Y Y, TIAN J D, LU J Q, 2023. Genetic structure and recent population demographic history of Taihangshan macaque (*Macaca mulatta tcheliensis*), North China [J]. Integrative Zoology, 18 (3): 530-542.

第 2 章

野生动物资源概述

河南太行山猕猴国家级自然保护区（博爱段）位于河南太行山猕猴国家级自然保护区中部偏东区域，该保护区属于野生动物类型的国家级自然保护区，主要保护对象是猕猴及森林生态系统。猕猴华北亚种因现仅分布于太行山南端而被称为"太行山猕猴"，是现生中国自然分布最北缘的猕猴（Zhang et al., 1989; Lu et al., 2007; 路纪琪, 2020），且因对环境产生适应性演化特征而具有极高的科学研究价值（Zhang & Shi, 1993; Liu et al., 2018）。该保护区地处中国自然地理区划的暖温带和温带分界地区，区内植被类型多样，动物区系成分呈南北过渡的特点。

河南段太行山的动物资源调查始于 20 世纪 80 年代中后期（宋朝枢和瞿文元, 1996）。自该科考之后，一些研究者陆续对太行山南端地区的动物资源进行了调查（申效诚和赵永谦, 2002; 牛红星 等, 2007; 刘伟, 2012; 赵海鹏 等, 2013; 叶永忠 等, 2015; 秦宇阳 等, 2015, 2016; 孟丽, 2016; 薛茂盛 等, 2016; 张传敏, 2022）。通过本次实地调查，并参考已发表和出版的文献资料，对保护区（博爱段）内的动物资源进行了总结。

2.1 野生动物物种组成

根据本次调查结果，结合已公开发表和出版的文献资料进行分析，河南太行山猕猴国家级自然保护区（博爱段）共记录脊椎动物 223 种，包括兽类 6 目 18 科 36 种，鸟类 18 目 45 科 140 种，爬行类 2 目 6 科 17 种，两栖类 2 目 5 科 9 种，鱼类 5 目 10 科 21 种（表 2-1）。此外，调查发现保护区无脊椎动物计有 6 门 835 种，其中昆虫有 21 目 178 科 816 种。

表 2-1 河南太行山猕猴国家级自然保护区（博爱段）脊椎动物物种统计

类群	目	科	种
兽类	6	18	36
鸟类	18	45	140
爬行类	2	6	17
两栖类	2	5	9
鱼类	5	10	21
合计	33	84	223

统计结果表明，河南太行山猕猴国家级自然保护区（博爱段）共有国家级重点保护野生动物 38 种，其中国家一级重点保护野生动物 5 种，国家二级重点保护野生动物 33 种，占全国重点保护野生动物的 4.45%，在物种分布中占很重要的地位。

相比较而言，鸟类和兽类物种比较丰富，分别占全国相应类群物种数的9.29%和5.19%；而两栖类和鱼类物种相对比较贫乏，分别只占全国相应类群物种的1.37%和1.54%（表2-2）。

表2-2 河南太行山猕猴国家级自然保护区（博爱段）与全国脊椎动物物种数量比较

类别	种类			国家重点保护野生动物		
	保护区	全国	比例（%）	保护区	全国	比例（%）
兽类	36	694	5.19	8	185	4.32
鸟类	140	1507	9.29	28	394	7.11
爬行类	17	462	3.68	1	94	1.06
两栖类	9	655	1.37	1	93	1.03
鱼类	21	1362	1.54	0	88	0
合计	223	4680	4.74	38	854	4.45

注：兽类物种总数引自《中国兽类分类与分布》（魏辅文，2022），鸟类物种总数引自《中国鸟类分类与分布名录（第四版）》（郑光美，2023），爬行类物种总数引自《中国爬行纲动物分类厘定》（蔡波等，2015），两栖类物种总数引自"中国两栖类"信息系统，鱼类物种总数引自《中国内陆鱼类物种与分布》（张春光 等，2016）。

2.2 区系特征与分布特点

河南太行山猕猴国家级自然保护区（博爱段）内202种陆栖脊椎动物中，古北界成分有87种，占40.07%；东洋界种有35种，占17.33%；广布种有80种，占39.60%（表2-3）。总体来看，陆栖脊椎动物区系反映出太行山区在世界和中国动物地理区划中，动物区系南北混杂、相互渗透的过渡带特征（表2-3）。

表2-3 河南太行山猕猴国家级自然保护区（博爱段）陆栖脊椎动物区系组成

类别	种数	古北界		东洋界		广布种	
		种数	比例（%）	种数	比例（%）	种数	比例（%）
兽类	36	14	38.89	11	30.555	11	30.56
鸟类	140	66	47.14	18	12.86	56	40.00
爬行类	17	5	29.41	5	29.41	7	41.18
两栖类	9	2	22.22	1	11.11	6	66.67
合计	202	87	40.07	35	17.33	80	39.60

在世界动物地理区划中，秦岭山脉—伏牛山脉—淮河一线被划为古北界和东洋界（即中国动物地理区划的华北区与华中区）在中国中部和东部地区的分界线。从地理位置上来看，太行山区位于古北界的华北区。然而，由于河南省乃至中国中部地区特殊的地理位置和地形地貌构造，境内伏牛山、太行山对动物分布的阻隔作用相对有限，因而古北界和东洋界的动物区系成分在这一地区均有分布，呈现出南北动物区系成分混杂过渡的分布特征。

2.3 保护区现状及存在的问题

河南太行山猕猴国家级自然保护区地处河南省西北部，为中国第二阶梯向第三阶梯过渡地带，区内山陡谷深，流水冲刷作用显著。该地区处于大陆季风气候，四季分明，降水主要集中于夏季，原始自然植被曾遭到严重破坏。自河南太行山猕猴国家级自然保护区建立以来，随着《中华人民共和国野生动物保护法》等法律法规的颁布和实施，保护区管理部门开展的常规巡护、专项考察等有助于资源保护与恢复，社会公众亦对野生动植物的保护意识有较大提升，许多保护措施得以落实，保护区主要保护对象太行山猕猴的种群数量有较明显增长。同时，因为天敌动物的减少，使某些野生动物如野猪、蒙古兔及一些鼠类的种群数量出现了明显的回升。然而，诸如道路建设等人为活动导致的野生动物栖息地丧失、破碎化的问题较为突出，部分野生动物（如大鲵、水獭等）已在保护区（博爱段）乃至整个南太行地区难觅踪迹。

2.4 保护和管理建议

河南太行山猕猴国家级自然保护区（博爱段）位于河南太行山猕猴国家级自然保护区的中部偏东侧，东西两侧均有猕猴群体活动，但在调查期间未发现中间区域（主要指沿"博晋路"两侧）有猕猴活动踪迹，表明人类活动及自然植被特征等可能抑制了该地区东西侧太行山猕猴群体间的交流。因而，为促进保护区的可持续发展，实现对野生动物资源的有效保护与合理、可持续利用，在本次调查研究的基础上，提出如下建议。

2.4.1 加强宣传教育

保护区的管护不仅局限于相关工作人员，更重要的是社会公众尤其是社区居民等，而社区居民等对野生动物保护的自觉性依赖于持续不断的科普和普法宣传。因而，保护区管理部门可借助多种途径和方式开展以《中华人民共和国野生动物保护法》为核心的相关法律法规宣传，并开展野生动物科普宣传，积极引导社区居民参与保护区管护与野生动物保护活动，从而形成保护区建设与管护的良好模式。

2.4.2 加大执法力度

保护区管理部门制定常规化和随机化的自然保护区巡护制度，及时制止非法猎捕、破坏野生动物栖息地等违法行为，并与相关部门密切合作打击违法行为；对野生动物给当地社区居民造成危害与损失的，应依据相关规定给予适当的生态补偿；对保护野生动物做出突出贡献的单位和个人应给予必要奖励，努力使野生动物保护成为社会公众的自觉行动。

2.4.3 建立资源监测与存储体系

基于掌握的现有野生动物资源本底，建设野生动物资源管护信息系统，以便及时掌握野生动物动态变化信息，并且借助"智慧太行山"监测系统，对重点地区、重点物种的资源动态进行长期监测，不仅可为未来制定保护对策和规划提供基础数据，更有利于提升保护区的管护水平和整体实力。

2.4.4 加强科学研究

科学研究是自然保护区各项工作的基础，也是保护区管护水平、整体实力提升的重要途径。受限于科研力量薄弱、科研人员缺乏和科研设备有限等因素，保护区管理部门可积极与省内外高等院校、研究院所等建立业务联系，综合各方学术和技术等优势，通过开展培训、合作研究等，培养、壮大保护区自身理论与技术力量，借助产出研究成果来提升保护区影响力；同时，利用研究成果向社会公众开展科普宣传，使保护区与社区有机结合，实现保护与发展双赢。

主要参考文献

蔡波，王跃招，陈跃英，等，2015.中国爬行纲动物分类厘定［J］.生物多样性，23（3）：365-382.

刘伟，2012.太行山南段洞栖蝙蝠研究［D］.新乡：河南师范大学.

路纪琪，2020.太行山猕猴的社会［M］.郑州：河南科学技术出版社.

孟丽, 2016. 辉县市国家级猕猴自然保护区生物资源与保护 [M]. 北京: 中国农业出版社.

牛红星, 余燕, 王艳梅, 等, 2007. 河南省太行山国家级猕猴自然保护区鸟类区系调查 [J]. 四川动物, 26 (1): 77-81.

秦宇阳, 侯卫锋, 曹青, 等, 2015. 济源市林业有害生物普查成果初报 [J]. 河南林业科技, 35 (4): 41-43.

秦宇阳, 侯卫锋, 曹青, 等, 2016. 济源市太行山猕猴自然保护区昆虫资源普查研究初报 [J]. 河南林业科技, 36 (4): 41-43.

申效诚, 赵永谦, 2002. 太行山及桐柏山区昆虫 [M]. 北京: 中国农业科学技术出版社.

宋朝枢, 瞿文元, 1996. 太行山猕猴自然保护区科学考察集 [M]. 北京: 中国林业出版社.

魏辅文, 2022. 中国兽类分类与分布 [M]. 北京: 科学出版社.

薛茂盛, 姜丙坤, 李伟波, 等, 2016. 运用红外相机对太行山猕猴国家级自然保护区(济源)兽类和鸟类多样性的调查 [J]. 兽类学报, 36 (3): 313-321.

叶永忠, 路纪琪, 赵利新, 2015. 河南太行山猕猴国家级自然保护区(焦作段)科学考察集 [M]. 郑州: 河南科学技术出版社.

张传敏, 2022. 太行山猕猴自然保护区(济源段)昆虫多样性初步研究 [D]. 郑州: 郑州大学.

张春光, 赵亚辉, 2016. 中国内陆鱼类物种与分布 [M]. 北京: 科学出版社.

赵海鹏, 卢全伟, 苏豪杰, 等, 2013. 济源太行山猕猴自然保护区鱼类资源初步调查 [J]. 河南大学学报(自然科学版), 43 (3): 291-294.

郑光美, 2023. 中国鸟类分类与分布名录 [M]. 4版. 北京: 科学出版社.

LIU Z, TAN X, OROZCO-TERWENGEL P, et al, 2018. Population genomics of wild Chinese rhesus macaques reveals a dynamic demographic history and local adaptation, with implications for biomedical research [J]. Gigascience, 7 (9): 1-14.

LU J Q, HOU J H, WANG H F, et al, 2007. Current status of *Macaca mulatta* in Taihangshan Mountains area, Jiyuan, Henan, China [J]. International Journal of Primatology, 28 (5): 1085-1091.

ZHANG Y P, SHI L M, 1993. Phylogeny of rhesus monkeys (*Macaca mulatta*) as revealed by mitochondrial DNA restriction enzyme analysis [J]. International Journal of Primatology, 14 (4): 587-605.

ZHANG Y Z, QUAN G Q, LIU Y L, et al, 1989. Extinction of rhesus monkeys (*Macaca mulatta*) in Xinglung, North China [J]. International Journal of Primatology, 10 (4): 375-381.

第 3 章

兽 类

经过本次实地调查，并结合已公开发表和出版的文献资料（周家兴 等，1961；葛凤翔 等，1984；瞿文元和王才安，1986；宋朝枢和瞿文元，1996；牛红星，2008；刘伟，2012；路纪琪和王振龙，2012；叶永忠 等，2015；薛茂盛 等，2016；耿德奇，2021），河南太行山猕猴国家级自然保护区（博爱段）目前所分布的兽类有 36 种，新增加或厘定的物种包括：东北刺猬（*Erinaceus amurensis*）、川西缺齿鼩（*Chodsigoa hypsibia*）和山东小麝鼩（*Crocidura shantungensis*）。根据文献资料（魏辅文，2022；蒋志刚，2021）等和生物物种名录（https://www.catalogueoflife.org/），对兽类的学名、分类阶元等进行了补充和厘定。

3.1 兽类物种名录

河南太行山猕猴国家级自然保护区（博爱段）现有兽类计 6 目 18 科 35 属 36 种，名录见表 3-1。其中，国家一级重点保护野生动物有豹（*Panthera pardus*）和林麝（*Moschus berezovskii*），国家二级重点保护野生动物有猕猴（*Macaca mulatta*）、豹猫（*Prionailurus bengalensis*）、赤狐（*Vulpes vulpes*）、貉（*Nyctereutes procyonoides*）、黄喉貂（*Martes flavigula*）和中华斑羚（*Naemorhedus griseus*）。

表 3-1 河南太行山猕猴国家级自然保护区（博爱段）兽类物种名录

分类阶元	数量级	区系成分	保护级别
一、灵长目 Primates			
（一）猴科 Cercopithecidae			
1. 猕猴 *Macaca mulatta*	+	O	II
二、劳亚食虫目 Eulipotyphla			
（二）猬科 Erinaceidae			
2. 东北刺猬 *Erinaceus amurensis*	+	P	三有
（三）鼩鼱科 Soricidae			
3. 川西缺齿鼩 *Chodsigoa hypsibia*	+	O	
4. 山东小麝鼩 *Crocidura shantungensis*	+	P	
（四）鼹科 Talpidae			
5. 麝鼹 *Scaptochirus moschatus*	+	P	

续表

分类阶元	数量级	区系成分	保护级别
三、翼手目 Chiroptera			
（五）菊头蝠科 Rhinolophidae			
6. 马铁菊头蝠 *Rhinolophus ferrumequinum*	+	W	
（六）蝙蝠科 Vespertilionidae			
7. 长尾鼠耳蝠 *Myotis frater*	+	W	
8. 灰长耳蝠 *Plecotus austriacus*	+	P	
9. 白腹管鼻蝠 *Murina leucogaster*	+	W	
10. 东亚伏翼 *Pipistrellus abramus*	+	O	
四、兔形目 Lagomorpha			
（七）兔科 Leporidae			
11. 蒙古兔 *Lepus tolai*	+++	W	三有
五、啮齿目 Rodentia			
（八）松鼠科 Sciuridae			
12. 岩松鼠 *Sciurotamias davidianus*	++	P	三有
13. 花鼠 *Tamias sibiricus*	+	P	三有
14. 隐纹花鼠 *Tamiops swinhoei*	+	O	三有
15. 小飞鼠 *Pteromys volans*	+	P	三有
（九）仓鼠科 Cricetidae			
16. 大仓鼠 *Tscherskia triton*	+	P	
17. 岢岚绒鼠 *Caryomys inez*	+	W	
（十）鼠科 Muridae			
18. 小家鼠 *Mus musculus*	+	W	
19. 黑线姬鼠 *Apodemus agrarius*	++	W	
20. 大林姬鼠 *Apodemus peninsulae*	+	W	
21. 黄胸鼠 *Rattus tanezumi*	+	O	
22. 褐家鼠 *Rattus norvegicus*	+	W	
23. 北社鼠 *Niviventer confucianus*	+	O	

续表

分类阶元	数量级	区系成分	保护级别
六、食肉目 Carnivora			
（十一）犬科 Canidae			
24. 赤狐 *Vulpes vulpes*	+	P	II
25. 貉 *Nyctereutes procyonoides*	++	P	II
（十二）鼬科 Mustelidae			
26. 黄喉貂 *Martes flavigula*	+	O	II
27. 黄鼬 *Mustela sibirica*	++	P	三有
28. 亚洲狗獾 *Meles leucurus*	+	P	三有
29. 猪獾 *Arctonyx collaris*	++	O	三有
（十三）林狸科 Prionodontidae			
30. 花面狸 *Paguma larvata*	+	O	三有
（十四）猫科 Felidae			
31. 豹猫 *Prionailurus bengalensis*	+	O	II
32. 豹 *Panthera pardus*	+	W	I
七、鲸偶蹄目 Cetartiodeactyla			
（十五）猪科 Suidae			
33. 野猪 *Sus scrofa*	++	P	
（十六）麝科 Moschidae			
34. 林麝 *Moschus berezovskii*	+	O	I
（十七）鹿科 Cervidae			
35. 狍 *Capreolus pygargus*	+	W	三有
（十八）牛科 Bovidae			
36. 中华斑羚 *Naemorhedus griseus*	+	P	II

注：数量级中 +++ 指优势种，++ 指常见种，+ 指稀有种；区系成分中 O 指东洋界种，P 指古北界种，W 指广布种；保护级别中，Ⅰ、Ⅱ 分别为被列入《国家重点保护野生动物名录》的一、二级重点保护野生动物；"三有"指被列入《有重要生态、科学、社会价值的陆生野生动物名录》。

3.2 种类组成及区系分析

在河南太行山猕猴国家级自然保护区（博爱段）分布的兽类共计 6 目 18 科 35

属 36 种。从这些物种在地理分布的隶属关系来分析，该保护区（博爱段）兽类含古北界种 14 种（38.9%）、东洋界种 11 种（30.6%）。总的来看，该地区兽类区系具有较明显的过渡带特征，这一现象与本区的气候、植被等特征相符合。

3.3 重点关注兽类

3.3.1 猕猴 Macaca mulatta

别名：猴子、恒河猴、普通猕猴。

分类：哺乳纲（Mammalia）灵长目（Primates）猴科（Cercopithecidae）猕猴属（Macaca）。

识别特征：猕猴属中体型略偏小，尾长约为体长之半。身体大部分毛色为灰黄色、灰褐色，背部棕灰色或棕黄色，腰部以下为橙黄色或橙红色，胸腹部和腿部的灰色较浓；头顶无向四周辐射的漩毛；肩毛较短。额略突，眉骨高，眼窝深，有两颊囊。四肢均具 5 趾，趾端有扁平的趾甲。面部、两耳部多呈肉色，臀胼胝发达，多为红色或肉红色，雌猴赤色更重。成年雄性体长 55~62 cm，尾长 22~24 cm，体重 8~12 kg；成年雌性体长 40~47 cm，尾长 8~22 cm，体重 4~7 kg。其中，分布于太行山南端的猕猴为猕猴华北亚种（Macaca mulatta tcheliensis），常被称为"太行山猕猴"，体重较大（可达 15 kg），冬季被毛长度可超过 10 cm。

分布情况：在国外分布于阿富汗、巴基斯坦、不丹、老挝、缅甸、尼泊尔、印度、泰国、越南、孟加拉国等亚洲地区。在中国分布于青海、四川、云南、山西、河南、西藏、陕西、贵州、湖北、湖南、安徽、福建、江西、浙江、广东、广西、海南、香港等地；河南仅在新乡辉县、焦作和济源山区存在自然猕猴种群，其中保护区（博爱段）东西侧存在 2 个以上群体。

生物学特征：猕猴以植物性食物为主，也取食真菌、无脊椎动物和小型脊椎动物。雌性和雄性猕猴性成熟年龄分别约为 4 岁和 6 岁，繁殖具有较明显的季节性，于秋季交配、春季繁殖。猕猴营社群生活，典型群体由多个成年雌性和成年雄性组成，雄性多在性成熟前后离群，雌性则常留居于出生群，群内以母系关系为基础。群内成年个体间常建立严格的线性等级关系，而且母系单元间也存在等级关系。太行山猕猴平均群体大小为 82 只。自然种群活动范围多在 10 km^2 以上。

濒危状况及原因：被列入《国家重点保护野生动物名录》二级重点保护野生动物，《濒危野生动植物种国际贸易公约》（CITES）将其列入附录 II。栖息地的丧失和破碎化是猕猴数量减少和致危的主要因素。随着近些年来生物医学、医药等研究对实验用猕猴的需求加剧，野生种群的科学保护与合理利用是值得关注的。

3.3.2 豹 *Panthera pardus*

别名：金钱豹、花豹、银豹子、豹子、文豹。

分类：哺乳纲（Mammalia）食肉目（Carnivora）猫科（Felidae）豹属（*Panthera*）。

识别特征：整体毛色为浅棕色至黄色或橘黄色体，在背部、体侧及尾部密布显眼的黑色空心斑点。头部、腿部和腹部分布有实心的黑色斑点。体表黑色环纹、斑点似古钱状，故称"金钱豹"。雄性体型大于雌性，雄性头体长 91~191 cm，体重 20~90 kg；雌性头体长 95~123 cm，体重 17~42 kg；尾长超过体长之半，51~101 cm。

分布情况：在国外分布区跨亚欧大陆与非洲大陆，包括阿富汗、埃及、俄罗斯、柬埔寨、南非、尼日尔、斯里兰卡、坦桑尼亚、伊朗、印度、印度尼西亚等国家或地区。在中国分布于西藏、黑龙江、吉林、河北、山西、甘肃、青海、陕西、四川、云南、河南；除台湾、辽宁、山东、宁夏和新疆外，全国各地均有分布；在河南分布于伏牛山、桐柏—大别山区、太行山等地区，其中保护区（博爱段）数量极少。

生物学特征：豹属于独居动物，偶见交配期雌雄相伴以及 2~4 只个体一起活动的母幼群。成年个体具有领域性，雌雄个体间家域会有一定重叠。豹为夜行性动物，也可见于昼间活动，主要捕食有蹄类动物、大型啮齿动物、兔、雉类动物等。豹一般在 2~3 岁达性成熟，通常在冬季交配，妊娠期约 100 天，每胎产 1~4 崽，幼兽常随母兽生活 1~1.5 年。有关豹的亚种分化，争议颇多。总体来看，有 28 亚种、6 亚种、9 亚种等观点。Miththapala 等（1996）基于 DNA 分析结果，提出了 8 个亚种的观点；Uphyrina 等（2001）提出了第 9 个亚种，并为目前学界所认同。基于这种观点，河南省所分布的应为华北亚种，即华北豹（*Panthera pardus fontanierii*）。

濒危状况及原因：被列入《国家重点保护野生动物名录》一级重点保护野生动物，并被列入世界自然保护联盟（IUCN）濒危等级（2023）、《濒危野生动植物国际贸易公约》（CITES）附录 I、《中国濒危动物红皮书》濒危（EN）等级。栖息地的丧失和破碎化以及猎物数量较少可能是导致豹数量减少和濒危的主要原因。

3.3.3 林麝 *Moschus berezovskii*

别名：麝香。

分类：哺乳纲（Mammalia）偶蹄目（Artiodactyla）麝科（Moschidae）麝属（*Moschus*）。

识别特征：小型有蹄类，头体长 63~80 cm，体重 6~9 kg。四肢细长，前肢略短于后肢，故肩部明显低于臀部。雌雄均无角；耳长直立，端部稍圆。雄麝上犬齿发达，向后下方弯曲，伸出唇外，形成长而尖的"獠牙"；腹部生殖器前有麝香囊；尾粗短，尾脂腺发达。成体背部为暗棕黄色至棕褐色；臀部毛色更深至棕黑色；腹部浅黄至浅棕色；耳内和眉毛白色；耳尖黑色，基部橙褐色；喉部有两条明显的浅黄色条纹，平行向下延伸至胸部相连。幼年个体北部有边缘模糊的浅色斑点。

分布情况：在国外分布于越南。在中国分布于青海、四川、西藏、云南、广东、广西、贵州、湖南、江西、甘肃、宁夏、陕西、河南、湖北等地；在河南分布于太行山区、伏牛山区、桐柏—大别山区，其中保护区（博爱段）数量甚少。

生物学特征：分布海拔跨度较大，从低地丘陵到海拔 3800 m 的高山针叶林和灌丛地带。通常独居或成对活动，胆小懦怯、机警灵敏，以晨昏活动为主。雌雄个体仅在交配期聚集，雌兽常与幼兽一起，而雄兽用发达的麝腺标志领域和吸引雌兽。林麝以树叶、杂草、苔藓、嫩芽、地衣及各种野果为食。

濒危状况及原因：被列入《国家重点保护野生动物名录》一级保护野生动物，并被列入《濒危野生动植物国际贸易公约》（CITES）附录Ⅱ、世界自然保护联盟（IUCN）濒危（EN）等级。林麝为大型林栖型、植食性哺乳动物，因人类经济开发活动而导致的栖息地丧失和破碎化、非法猎捕等是其致危的主要因素。

3.3.4 豹猫 *Prionailurus bengalensis*

别名：山猫、野猫、狸猫、铜钱猫、石虎。

分类：哺乳纲（Mammalia）食肉目（Carnivora）猫科（Felidae）豹猫属（*Prionailurus*）。

识别特征：体型较小的食肉类动物，与家猫近似；头体长为 40~75 cm，尾长 20~37 cm，雄性体重 1~7 kg，雌性体重 0.6~4.5 kg，尾长超过体长的一半。全身背面体毛为棕黄色或淡棕黄色，布满不规则黑斑点。从头部至肩部有 4 条黑褐色条纹（或为斑点），两眼内侧向上至额后各有一条白纹。耳背黑色，有一块明显的白斑。胸腹部及四肢内侧白色，尾背有褐色斑点或半环，尾端呈黑色或暗灰色。

分布情况：在国外分布于欧洲、亚洲大陆及部分邻近岛屿。在中国广泛分布；在河南省分布于太行山、伏牛山、桐柏—大别山，其中保护区（博爱段）数量较可观。

生物学特征：豹猫主要栖息于山地林区、郊野灌丛和林缘村寨附近，从低海拔到海拔 3000 m 的地区均可分布。豹猫主要以啮齿动物、兔、两栖爬行类动物、小型鸟类、昆虫等为食，也取食浆果、榕树果和部分嫩叶、嫩草等。豹猫以夜间与晨昏活动为主，营独居，偶尔可见母兽与幼崽集体活动。季节性繁殖，雌兽的妊娠期为 60~70 天，每胎产 2~4 仔；18~24 月龄达到性成熟。

濒危状况及原因：被列入《国家重点保护野生动物名录》二级保护动物。由于人类活动的干扰和影响，豹猫的适宜栖息地趋于减少、野生数量减少，应加大宣传与保护的力度，禁止非法捕猎。

3.3.5 赤狐 *Vulpes vulpes*

别名：狐狸、火狐、红狐。

分类：哺乳纲（Mammalia）食肉目（Carnivora）犬科（Canidae）狐属（*Vulpes*）。

识别特征：中小体型的犬科动物。雄性头体长 59~90 cm，体重 4~14 kg；雌性头体长 50~65 cm，体重 3.5~7.5 kg；尾长 28~49 cm。体型修长，四肢较短，吻尖而长，耳直立而尖长，尾长略超过体长之半，尾形大。毛色变异较大，从黄色、棕色至暗红色均有，偶见黑色型个体。常见的野生赤狐通常背面毛色为棕黄色或趋棕红色，后肢呈暗红色，尾毛蓬松，尾尖白色；冬毛比夏毛更密实，毛色较浅。

分布情况：在国外广泛分布于北半球的欧亚大陆（东南亚热带地区除外），延伸至北美洲，还被引到大洋洲。在中国见于内蒙古、甘肃、宁夏、青海、陕西、新疆、西藏、云南、山西、四川、河南、湖北、湖南、安徽、福建、江苏、江西、浙江、广东、广西、北京、河北、黑龙江、吉林和辽宁；在河南省曾广泛分布，但现仅见于太行山、伏牛山及桐柏—大别山区，其中保护区（博爱段）有分布但数量极少。

生物学特征：赤狐的适应能力强，可栖息于森林、灌丛、草原、半荒漠、丘陵、山地等多种环境中，偶可见于城市近郊。赤狐喜居住土穴、树洞或岩石缝，也会占据兔、獾等动物的巢穴。通常夜间活动，白天隐蔽在洞休息。赤狐以啮齿动物、小型鸟类、昆虫、蠕虫和水果等为食。赤狐为单配制，在每年的 12 月至翌年 2 月发情、交配，生活在北方地区的赤狐其繁殖往往推迟 1~2 个月，雌兽的妊娠期为 2~3 个月，于 3—4 月产仔。

濒危状况及原因：被列入《国家重点保护野生动物名录》二级保护野生动物。赤狐的毛皮具有较高的经济价值，是毛皮兽饲养的主要对象。在森林、农田生态系统中，赤狐还是鼠类等有害动物的天敌。建议对河南省的野生赤狐进行专项研究，并严加保护。

3.3.6 貉 Nyctereutes procyonoides

别名：狸、土狗、土獾、毛狗、貉子。

分类：哺乳纲（Mammalia）食肉目（Carnivora）犬科（Canidae）貉属（Nyctereutes）。

识别特征：中等体型，外形似狐，但较肥胖；头体长 49~71 cm，尾长 15~23 cm，体重 3~12.5 kg。头吻部较短，双耳短圆，面颊生有长毛，且具有黑色或棕黑色的"眼罩"；四肢和尾较短，尾毛长而蓬松；体背和体侧毛均为浅黄褐色或棕黄色，背毛尖端黑色，吻部棕灰色，两颊和眼周的毛为黑褐色，从正面看为"八"字形黑褐斑纹，腹毛浅棕色，四肢浅黑色，尾末端近黑色。貉的毛色常因地区和季节的不同而有差异。

分布情况：在国外分布于朝鲜、韩国、日本和蒙古，被引到俄罗斯及部分欧洲国家或地区；在中国分布于安徽、福建、江苏、江西、上海、浙江、湖南、湖北、广东、广西、黑龙江、吉林、河北、内蒙古、甘肃、陕西、贵州、四川、云南等地；在河南省分布于伏牛山、桐柏—大别山和太行山，其中保护区（博爱段）有分布但数量少。

生物学特征：貉喜穴居，多数利用岩洞、自然洞穴、树木空洞等处，经加工后穴居。貉的活动范围很广，夜行性强。进入冬季，呈现出昏睡状态的非持续性冬眠，称为冬眠或半冬眠。貉的食性杂，以啮齿动物、两栖类动物、小型鸟类、爬行类动物以及昆虫等为食，也取食植物根、茎、叶和野果、野菜、瓜皮等。貉通常独居，是季节性繁殖的动物，春季交配，妊娠期 60 天左右，平均胎仔数 5~8 只，哺乳期 50~55 天。

濒危状况及原因：被列入《国家重点保护野生动物名录》二级保护野生动物。由于人为活动的干扰和影响，其适宜栖息地减少或退化，野生种群数量较少。

3.3.7 黄喉貂 Martes flavigula

别名：青鼬、蜜狗、黄腰狸、黄腰狐狸、黄猺。

分类：哺乳纲（Mammalia）食肉目（Carnivora）鼬科（Viverridae）貂属（Martes）。

识别特征：大型鼬科动物，头体长 45~65 cm，尾长 37~65 cm，体重 1.3~3 kg。尾粗大，且尾长可达头体长的 70%~80%。耳部短而圆，尾毛不蓬松。黄喉貂毛色独特，头部、枕部、臀部、后肢和尾是黑色至棕黑色，而喉部、肩部、胸部和前肢上部则为对比显著的亮黄色至金黄色，下颌与颊部室白色或黄白色。

分布情况：在国外分布于阿富汗、巴基斯坦、不丹、缅甸、尼泊尔、柬埔寨、老挝、马来西亚、孟加拉国、泰国、印度、印度尼西亚、越南、朝鲜、俄罗斯、韩国等国家（地区）。在中国分布于西藏、甘肃、山西、陕西、重庆、贵州、四川、云南、河南、湖北、湖南、安徽、江西、福建、浙江、广东、广西、黑龙江、吉林、内蒙古、台湾和海南等地；在河南分布于伏牛山区、太行山区，其中保护区（博爱段）数量极少。

生物学特征：栖息地海拔多低于3000 m，常活动于常绿阔叶林和针阔叶混交林区，受林型的影响较小。黄喉貂是较严格的昼行性动物，行动迅速、敏捷，常呈跳跃式前行。黄喉貂食性交杂，取食小型兽类、鸟类、两栖类、昆虫和植物果实等。黄喉貂攻击能力强，可以猎杀比自身体型大很多的猎物，包括小型有蹄类动物（例如林麝、小麂等）和灵长类动物（例如猕猴）。野外常见黄喉貂成对活动，偶见3~4只组成家庭群集体活动。交配期在6—8月，翌年3—6月产仔，每胎产2~5仔。

濒危状况及原因：被列入《国家重点保护野生动物名录》二级保护野生动物，并被列入世界自然保护联盟（IUCN）低危（LC）等级、《河南省重点保护野生动物名录》。长期和大范围的人类经济开发活动使黄喉貂的栖息地丧失和破碎化，导致其野生种群数量减少。建议加强宣传和保护，严禁非法捕猎。

3.3.8 中华斑羚 *Naemorhedus griseus*

别名：青羊、崖羊。

分类：哺乳纲（Mammalia）偶蹄目（Artiodactyla）牛科（Bovidae）斑羚属（*Naemorhedus*）。

识别特征：头体长80~130 cm，肩高61~68 cm，尾长11~20 cm，耳高11~15 cm，后足长23~28 cm；体重20~35 kg。被毛深褐色、淡黄色或灰色，表面覆盖少许黑色针毛，具有短的深色鬃毛和一条粗的深色背纹。四肢色浅与体色对比鲜明，有时前肢红色具黑色条纹。喉部有明显的白色或黄白色喉斑，与身体其他部分毛色形成明显对比。尾不长但有丛毛。雄性体型明显大于雌性，雌雄都长有角，角形纤细、尖利，略呈弧形向后弯曲。

分布情况：在国外分布于印度、缅甸、泰国、越南。在中国分布于内蒙古、河北、北京、河南、陕西、山西、甘肃、四川、贵州、重庆、湖北、湖南、广西、广东、江西、福建、浙江、上海、安徽、云南；在河南分布于伏牛山、桐柏—大别山和太行山等山区，其中保护区（博爱段）数量较少。

生物学特征：分布海拔范围为1000~4400 m。典型的林栖兽类，栖息生境多样，从亚热带至北温带地区均有分布，可见于山地针叶林、山地针阔叶混交林和山地常绿阔叶林，但未见于热带森林中。中华斑羚在白天和夜晚均活跃，可独居活动、成对活动或集小群活动。取食多种多样的草本植物以及竹子和低矮灌木等。

濒危状况及原因：被列入《国家重点保护野生动物名录》二级保护野生动物。由于人类活动的影响，野生种群数量已急剧减少，应加强对野生动物资源的保护。

3.3.9 黄鼬 *Mustela sibirica*

别名：黄鼠狼、黄狼、黄皮子。

分类：哺乳纲（Mammalia）食肉目（Carnivora）鼬科（Viverridae）鼬属（*Mustela*）。

识别特征：中小型鼬类，雄性头体长 28~39 cm，体重 0.65~0.82 kg；雌性头体长 25~31 cm，体重 0.36~0.45 kg；尾长 13.5~23 cm。身体细长。头细，颈较长。整体毛色为棕黄色，面部有黑色或暗褐色的"面罩"，吻部和下颌为白色。腹面毛色稍浅于背面，但体侧无明显的背腹毛色分界线。夏毛颜色更深，而冬毛颜色较浅且更为密实。四肢、足的毛色与身体相同。尾蓬松，约为体长之半。肛门腺发达。雄兽的阴茎骨基部膨大成结节状，端部呈钩状。

分布情况：在国外分布于巴基斯坦、不丹、老挝、缅甸、尼泊尔、泰国、越南、印度、朝鲜、俄罗斯、韩国、蒙古等亚洲国家（地区）。在中国广泛分布于各地；在河南各地均有分布，其中保护区（博爱段）分布数量较多。

生物学特征：生活在海平面至海拔 5000 m 的原始森林、次生林、灌丛、种植园、村庄、农田等生境，适应能力极强。黄鼬在夜间和晨昏性较为活跃。常单独行动，善奔走，能游泳、攀树和墙壁等。繁殖期常具固定巢穴。性情凶猛，警觉性很高。食性较杂，以啮齿动物和兔形目动物为主，也取食鸟卵及幼雏、鱼、蛙和昆虫等。以臭腺自卫。通常在 2—3 月交配，雌兽妊娠期为 33~37 天，常于 5 月产仔，每胎产 2~12 仔。

濒危状况及原因：被列入《有重要生态、科学、社会价值的陆生野生动物名录》。因人类活动的干扰和影响，适宜栖息地趋于减少；加上人为捕杀，黄鼬的野生种群数量较少，应加大宣传与保护的力度。

3.3.10 猪獾 *Arctonyx collaris*

别名：沙獾、獾子、獾、猪鼻獾、獾猪。

分类：哺乳纲（Mammalia）食肉目（Carnivora）鼬科（Viverridae）猪獾属（*Arctonyx*）。

识别特征：中等体型的食肉动物，身体矮壮结实。头体长 54～70 cm，尾长 11～22 cm，体重 5～10 kg。鼻吻狭长而圆，吻端与猪鼻酷似；鼻垫与上唇间裸露无毛。眼小。耳短圆。四肢短粗有力，脚底趾间具毛，但掌垫明显裸露，趾垫 5 个。后脚掌裸露部位不达脚跟处。爪长而弯曲，前脚爪强大锐利。尾较长，基部粗壮，向末端逐渐变细。通体呈黑褐色，体背两侧及臀部夹杂灰白色；吻浅棕色；颊部黑褐色条纹自吻端通过眼间延伸至耳后（贯眼纹），与颈背黑褐色毛会合；从前额到额顶中央，有一条短宽白色条纹，其长短因个体变异而多有差异。两颊在眼下各具一条污白色条纹，但不达上唇边缘。耳背及耳下缘棕黑色，耳上缘白色。下颌及喉白色，与四周黑褐色区域明显隔离而形成白斑，此斑向后延伸直达颈背并会合，使颈背显白色。自颈背到臀部为淡褐色，四肢黑褐色，腹部浅褐色。

分布情况：在国外分布于不丹、柬埔寨、老挝、孟加拉国、泰国、缅甸、印度、印度尼西亚、越南。在中国分布于北京、天津、河北、辽宁、内蒙古、山东、河南、山西、陕西、宁夏、甘肃、安徽、江苏、浙江、江西、湖北、湖南、四川、贵州、云南、西藏、广西、广东、福建等地；在河南分布于太行山、伏牛山、桐柏—大别山等山区，其中保护区（博爱段）分布数量较多。

生物学特征：从平原到海拔 4400 m 以上的山地均有栖息，在岩洞或掘洞而居，性凶猛，叫声似猪。视觉差，嗅觉发达。在白天和夜晚均较为活跃。猪獾食性杂，取食植物根茎、果实、蚯蚓、蜗牛、两栖爬行类动物、昆虫以及小型啮齿类动物等。猪獾是豹等大型食肉动物的常见猎物之一。有冬眠习性，常在 10 月下旬开始冬眠，且冬眠前常大量进食以增加体内脂肪。常于翌年 3 月开始出洞活动。多在立春前后发情，妊娠期约 3 个月，于 4—5 月产仔，每胎产 2～4 仔。猪獾可生活于人类活动区边缘，因取食农作物而引发人与野生动物之间的冲突。

濒危状况及原因：被列入《有重要生态、科学、社会价值的陆生野生动物名录》。由于人类活动的干扰和影响，猪獾的适宜栖息地趋于减少；加上人为猎捕，猪獾的现生种群数量已减少，应加大宣传与保护的力度，禁止非法捕猎。

3.3.11 亚洲狗獾 *Meles leucurus*

别名：獾、狗獾、獾八狗子。

分类：哺乳纲（Mammalia）食肉目（Carnivora）鼬科（Viverridae）獾属（*Meles*）。

识别特征：头体长 50～90 cm，尾长 11.5～20.5 cm，体重 3.5～17 kg。身体矮壮，长有圆锥形的头部和突出的吻鼻部，与猪獾的体型及整体毛色相近，二者的区别之一是亚洲狗獾裸露的鼻部为黑色且鼻与上唇间覆有短毛。亚洲狗獾头扁，鼻尖，耳短，颈短粗，尾巴较短，四肢短而粗壮；爪强而有力，适于掘土。背毛硬而密，基部为白色，近末端的一段为黑褐色，毛尖白色，体侧白色毛较多。头部有3条白色纵行毛；面颊两侧各一条，中央一条由鼻尖到头顶。下颌、喉部和腹部以及四肢都呈棕黑色，喉部黑色有别于猪獾的白色。

分布情况：在国外分布于朝鲜、俄罗斯、哈萨克斯坦、蒙古、韩国、乌兹别克斯坦。在中国分布于除台湾和海南岛以外的大部分地区；在河南分布于太行山、伏牛山、桐柏—大别山等山区，其中保护区（博爱段）分布数量较少。

生物学特征：亚洲狗獾栖息于山地森林、山地灌丛、平原荒野、沙丘草丛及湖泊堤岸等各种生境。通常为以家庭群为单位的群居生活，夜行性动物，有冬眠习性；秋季积累大量脂肪，11月入洞冬眠，翌年3月出洞。亚洲狗獾是杂食性动物，以昆虫、蚯蚓、两栖爬行类动物、啮齿动物以及植物果实、块茎等为食。一般于12月至翌年1月上旬交配，雌兽每年产1胎，妊娠期约7周，每胎产1~5仔。

濒危状况及原因：被列入《有重要生态、科学、社会价值的陆生野生动物名录》。由于长期的人类活动、人为猎捕等的干扰和影响，亚洲狗獾的适宜栖息地趋于减少，野生数量已极少，应加大执法力度，严加保护，禁止非法捕猎。

3.3.12 狍 Capreolus pygargus

别名：矮鹿、野羊、狍子。

分类：哺乳纲（Mammalia）偶蹄目（Artiodactyla）鹿科（Cervidae）狍属（Capreolus）。

识别特征：头体长95~140 cm，尾长仅2~3 cm；体重20~40 kg，雄性体型略大。头部特征明显：头吻部黑色，颊部白色；喉部和胸部中央色浅，可形成较为明显的块状浅色区。鼻吻部裸出无毛，眼大，有眶下腺；耳短宽而圆，内外均被毛。狍冬毛为深色至棕灰色，夏毛为较亮的红棕色。幼崽体表有模糊的浅色斑点。跑具有一块显眼的白色臀斑，尾巴较短且隐于臀斑中央。雄性臀斑为肾形，雌性臀斑为心形。成年雄性长有一对竖直生长的短角，表面粗糙，通常在主干离基部约9 cm分出前后二叉，后叉再分歧成二小叉。双角在每年冬季脱落，然后再重新长出。雄性亚成体的双角较短，不分叉。雌性个体不长角。

分布情况：在国外分布于哈萨克斯坦、蒙古、俄罗斯、朝鲜、韩国。在中国分布于黑龙江、吉林、辽宁、内蒙古、新疆、北京、河北、河南、山西、湖北、甘肃、宁夏、陕西、青海、四川；在河南分布于太行山、伏牛山、桐柏—大别山等山区，其中保护区（博爱段）布设的红外相机较频繁地拍摄到狍。

生物学特征：狍喜栖息于多种森林以及森林和草地镶嵌分布的生境，但通常会避开林下层植被茂密、较难通行的环境。狍性情胆小，日间多栖于密林，晨昏时多在空旷的草场或灌木丛活动。喜食灌木的嫩枝、芽、树叶和各种青草，以及小浆果、蘑菇等。狍常在夏季通常为独居（母幼群除外），在冬季可聚群觅食和活动。狍一般于每年的7—9月交配，翌年5—6月分娩，每胎产1~2仔，1.5~2岁达性成熟。

濒危状况及原因：被列入《有重要生态、科学、社会价值的陆生野生动物名录》。人类活动导致狍的栖息地破碎化、斑块化等，使其适宜的栖息地缩小，应予以保护。

3.3.13 岩松鼠 Sciurotamias davidiaus

别名：毛格狸、扫毛子、石老鼠、松鼠。

分类：哺乳纲（Mammalia）啮齿目（Rodentia）松鼠科（Sciuridae）岩松鼠属（*Sciurotamias*）。

识别特征：体型中等的松鼠。头体长19~25 cm，尾长短于体长，尾长12.5~20 cm。身体背部自头至尾基部、体侧及四肢外侧均为橄榄灰色，腹面及四肢内侧多呈黄褐色。尾毛蓬松但较稀疏。前足掌部裸露，掌垫2枚，指垫3枚；后足蹠部被毛，无蹠垫，趾垫4枚。前足第四指一般长于第三指。雌性有乳头3对，胸部1对，鼠鼷部2对。有颊囊。背毛毛基灰黑色，上段灰褐色略黄。眼周有淡黄色眼圈，耳壳上被有暗褐色短毛，耳壳背面基部有灰白色斑。

分布情况：为中国特有物种，分布于辽宁、河北、北京、天津、陕西、山西、河南、四川、甘肃、宁夏、内蒙古、贵州、安徽、湖北、重庆等地；在河南省分布于太行山、伏牛山、桐柏—大别山等山区，其中保护区（博爱段）数量颇多。

生物学特征：岩松鼠营半树栖半地栖生活，主要栖息于山地、丘陵等多岩石地区。常见于林缘、灌丛、耕作区及居民点附近，夏秋季节常到农田附近取食农作物及瓜果等。无冬眠习性，攀缘跳跃能力较强，性机敏。常于白天在灌丛、杂草中活动。食物以野生植物种子、果实等为主。繁殖期为3—9月，每年产2胎，每胎产2~4仔。初产仔无毛，闭眼，体重7~8 g，体长5~5.5 cm；30天睁眼，45~55天离巢。岩松鼠的寿命为3~12年。幼体与成体毛色相似。岩松鼠的天敌主要为大型食肉兽类及鹰、雕等。

濒危状况及原因：被列入《有重要生态、科学、社会价值的陆生野生动物名录》。岩松鼠为山地和丘陵地区习见松鼠，野生种群数量尚多。但是，由于人类活动导致其适宜栖息地趋于缩减，故应予以保护。

3.3.14 蒙古兔 *Lepus tolai*

别名：野兔、草兔。

分类：哺乳纲（Mammalia）兔形目（Lagomorpha）兔科（Leporidae）兔属（*Lepus*）。

识别特征：兔属中体型中等。头体长 40~55 cm，体重 1.5~2.5 kg；尾长约 93 mm，可达到后足长的 80% 左右，是中国野兔尾最长的。耳前折刚过鼻端，约为后足长的 83%。整体色调为草黄色，但不同区域个体毛色有变异。臀斑呈灰白色或淡黄色。后肢明显长于前肢。尾部背方中央有一条长而宽的黑色或棕黑色条纹，两边和腹面白色。身体腹面白色。耳尖部黑色。

分布情况：国外广布于蒙古。在中国分布于内蒙古、甘肃、新疆、黑龙江、吉林、辽宁、北京、河北、山西、陕西、山东、河南、四川、云南；在河南各地有分布，其中保护区（博爱段）数量颇多。

生物学特征：蒙古兔主要栖息于河谷、山坡、林缘、农田、灌丛等隐蔽条件好、植被丰富的地方。无固定洞穴。白天多在较为隐蔽处静卧，多晨昏时段活动、取食。以植物性食物为主，喜食青草、树苗、树皮、嫩枝、嫩叶、各种农作物青苗、蔬菜及各种植物种子。每年繁殖 2~3 胎，一般在冬季交配，翌年早春分娩，妊娠期约 45 天，每胎产 2~7 仔，平均 5~6 仔。雌性哺乳期间可进行第 2 次交配。幼仔出生 1 个月左右，即可脱离母体，独立生活。主要天敌有狐及一些猛禽等。

濒危状况及原因：被列入《有重要生态、科学、社会价值的陆生野生动物名录》。由于蒙古兔的啃食，常对林木种子、农作物等造成一定危害，其曾被作为有害动物加以捕杀和狩猎。从生态系统功能的完整性、生物多样性保护的角度来说，对蒙古兔资源亦应予以保护。

3.3.15 东北刺猬 *Erinaceus amurensis*

别名：刺猬、刺团、猬鼠、偷瓜獾、毛刺。

分类：哺乳纲（Mammalia）食虫目（Eulipotyphla）猬科（Erinaceidae）猬属（*Erinaceus*）。

识别特征：成体体重 0.8~1.2 kg，头体长 15~29 cm，尾长 17~42 mm，后足长 34~54 mm，耳长 16~26 mm。体背和体侧满布棘刺，头、尾和腹面被毛；嘴尖而长，耳小，四肢短，尾短；当其身体蜷缩成团时，头和四足均不可见。除腹部外全身长有硬刺，短小的尾巴也隐藏于棘刺中。大部分棘刺中段颜色偏黑，两端颜色偏浅，但是颜色深浅程度存在较大的变异，有部分棘刺为纯白色。

分布情况：在国外分布于朝鲜半岛、俄罗斯远东地区；在中国分布于黑龙江、内蒙古、吉林、辽宁、北京、河北、山西、河南、湖北、安徽、江苏、湖南、江西、上海、浙江、甘肃、陕西；在河南分布于各地，其中保护区（博爱段）有分布。

生物学特征：东北刺猬可栖息于海平面至海拔2000 m的多种生境，在山地森林、草原、灌木丛等天然环境以及农田、荒地等人工环境都有分布。东北刺猬是典型的夜行性动物，嗅觉灵敏，以昆虫和蠕虫为食，也取食幼鸟、鸟蛋、蛙、蜥蜴等。具冬眠行为。每年4月开始交配生育，每年产仔1~2胎，每胎产3~6仔。初生幼仔背上的毛稀疏柔软，但几天后就能逐渐硬化变为棘刺，出生后前两周内无视力，由母乳喂养4~8周后，跟随雌兽学习觅食。

濒危状况及原因：被列入《有重要生态、科学、社会价值的陆生野生动物名录》。因刺猬皮可做中药，故以往有一定程度的人为捕猎。从生态系统功能的完整性、生物多样性保护的角度来看，对刺猬资源亦应予以保护。

3.3.16 黄胸鼠 *Rattus tanezumi*

别名：老鼠。

分类：哺乳纲（Mammalia）啮齿目（Rodentia）鼠科（Muridae）家鼠属（*Rattus*）。

识别特征：体型中等，体重100~200 g，头体长105~215 mm，尾长120~230 mm，尾长平均大于体长。前足背面中央黑色，两边白色。整个背面毛色一致，呈棕黑色，毛基灰色，毛尖棕黑色，中段黄棕色。针毛丰富，黄白色，仅尖部棕黑色。背部中央至臀部毛色略深，黑色调更显。侧面毛色较淡，枯草黄色较显著。背腹毛色逐渐过渡；腹面为显著的枯草颜色，腹毛毛基灰色，远端一半为枯草颜色。耳中等，平均长20 mm，耳几乎裸露，肉眼看不出有毛，在解剖镜下观察可发现覆盖有黑灰色短毛。尾上下一色，全部为灰黑色。尾鳞片相对较细碎，组成的环纹不明显。环纹内着生短而粗的毛，尾尖部毛略长。前足腕掌骨背面毛色黑色，侧面为灰白色或者白色，腹面正中为灰色。后足背面为灰白色，一些个体背面灰色调较显著。腹面为灰黑色。前后足均有6个掌（蹠）垫。爪黄白色，一些个体爪为灰色，爪背面均有少量白色长毛。

分布情况：在国外分布于阿富汗、老挝、缅甸、尼泊尔、柬埔寨、泰国、越南、印度、朝鲜等国家（地区）；在中国分布于新疆、西藏、云南、四川、贵州、陕西、河南、湖北、湖南、安徽、江苏、上海、浙江、福建、广东、广西、海南；在河南分布于桐柏—大别山、伏牛山和太行山等地区，其中保护区（博爱段）有分布。

生物学特征：黄胸鼠的分类信息较乱，学名曾经长期为 *Rattus flavipectus*。黄胸鼠栖息于村庄、农田、砖木瓦顶结构房屋等与人类活动密切相关的区域，该鼠可迅速适应现代建筑和城市环境。黄胸鼠杂食性，偏爱植物性食物，取食人类丢弃食物。黄胸鼠可常年繁殖，妊娠期约3周，每胎产3~7仔，约15日龄睁眼，约30日龄断奶，在3月龄时可达性成熟。黄胸鼠夜行性为主，常集群生活。

濒危状况及原因：该物种未被列入《国家重点保护野生动物名录》和《有重要生态、科学、社会价值的陆生野生动物名录》。该物种受到学界较多关注，主要是因为该物种扩散、入侵能力较强，对本土物种及环境可产生负面影响；研究发现，近20年来该物种分布范围大幅度向北扩展，现可在山西省北部、河北省中部等地区捕获（Guo et al., 2017）。

3.3.17 黑线姬鼠 *Apodemus agrarius*

别名：黑线鼠、老鼠。

分类：哺乳纲（Mammalia）啮齿目（Rodentia）鼠科（Muridae）姬鼠属（*Apodemus*）。

识别特征：个体较小，头体长75~120 mm，尾长65~225 mm，耳长12~15 mm，后足长17~22 mm，体重16~38 g。尾长略短于体长。背部中央有一条黑线，身体背面颜色灰黄色。腹面毛基灰色，毛尖灰白色。背腹界限比较明显。但在中国南方，如福建、浙江、广东、广西等地，其背部黑线不明显，有的个体甚至只有一个暗色的区域。

分布情况：在国外分布于欧洲、西亚地区。在中国分布很广，除西藏、青海和海南外各地均有分布；在河南分布于太行山区，其中保护区（博爱段）有分布。

生物学特征：主要分布于海拔低的农田、灌丛及草丛中。黑线姬鼠主要取食植物种子、芽、果实、昆虫、蠕虫等。黑线姬鼠为昼行性或晨昏性活动，在春夏季节繁殖，每胎产1~10仔。该物种对农业有一定危害，但在森林生态系统中具有重要生态功能，例如该物种是蛇类、猛禽等的猎物，亦对森林更新具有促进作用。

濒危状况及原因：该物种未被列入《国家重点保护野生动物名录》和《有重要生态、科学、社会价值的陆生野生动物名录》。黑线姬鼠在森林更新方面具有积极作用，故应维持其在生态系统中的稳定作用。

3.3.18 川西缺齿鼩 *Chodsigoa hypsibia*

别名：小老鼠、鼩鼱。

分类：哺乳纲（Mammalia）劳亚食虫目（Eulipotyphla）鼩鼱科（Soricidae）缺

齿鼩属（*Chodsigoa*）。

识别特征：头体长62~86 mm，尾长56~73 mm，后足13~18 mm。颅全长19~22.6 mm。背部毛色青灰色，腹部棕灰色。尾长短于头体长，尾背腹不明显异色，尾尖有一撮短毛。齿式为3.1.1.3/1.1.1.3=28，与缺齿鼩属其他物种相同，上单尖齿3枚。门齿至第1前臼齿部分齿尖有猩红色色素沉淀。上门齿前缘向前突出，齿尖向下。

分布情况：中国特有种，模式产地位于四川平武杨柳坝，分布于青海、甘肃、四川、陕西、西藏、云南、山西、河南、河北、北京；在河南分布于桐柏—大别山、伏牛山等地区，其中在保护区（博爱段）是保护区内首次发现该物种有分布，数量尚未可知。

生物学特征：栖息于灌木、常绿阔叶林、针叶林以及农田。取食昆虫等无脊椎动物。缺乏其他生物学信息。

濒危状况及原因：该物种未被列入《国家重点保护野生动物名录》和《有重要生态、科学、社会价值的陆生野生动物名录》。川西缺齿鼩生物学信息匮乏，但其取食昆虫等特征对控制森林虫害具有积极作用。人类活动干扰可能导致其栖息地破碎化、丧失，应予以保护。

3.3.19 东亚伏翼 *Pipistrellus abramus*

别名：蝙蝠、家蝠。

分类：哺乳纲（Mammalia）翼手目（Chiroptera）蝙蝠科（Vespertilionidae）伏翼属（*Pipistrellus*）。

识别特征：体型小。前臂长31~35 mm。耳小，略呈钝三角形，耳壳向前折达眼与鼻孔之间；耳屏小，端部钝圆，外缘基部有凹缺，向前微弯。第5趾比第3或第4趾长，翼膜止于趾基。尾长，仅尾尖从股间膜后缘穿出，股间膜呈锥状。后足短小。雄性成体可见明显而发达的阴茎，阴茎骨呈"S"形。毛色存在变异，一般为背毛深褐色，腹毛灰褐色。

分布情况：在国外分布于日本、朝鲜、韩国、俄罗斯、缅甸、越南、印度。在中国分布十分广泛。

生物学特征：通常栖息于建筑物（特别是瓦房）中，可集数只小群潜伏在天花板、瓦房的房檐下和墙缝内。为城市及农村傍晚天空中最常见的种类。傍晚飞出，以蚊等小型昆虫为食。有冬眠习性。

濒危状况及原因：该物种未被列入《国家重点保护野生动物名录》和《有重要

生态、科学、社会价值的陆生野生动物名录》。该物种在控制虫害方面具有积极作用，应给予关注和保护。

3.3.20 马铁菊头蝠 *Rhinolophus ferrumequinum*

别名：蝙蝠、菊头蝠。

分类：哺乳纲（Mammalia）翼手目（Chiroptera）菊头蝠科（Rhinolophidae）马铁菊头蝠（*Rhinolophus*）。

识别特征：体型较大种类，体重 13~44 g。头体长 54~71 mm，尾长 31~44 mm，耳长 19~25 mm，后足长 10~14 mm，前臂长 51~61 mm。耳大而宽阔，无耳屏，但有对耳屏。马蹄叶较宽，附叶小而不明显，鞍状叶两侧缘几平行，其顶点圆形，低于顶叶的顶端，顶叶近三角形。尾甚长，股间膜发达，呈锥状。背毛浅棕褐色，毛基淡灰棕色。腹毛淡灰棕色。翼和股间膜棕褐色。

分布情况：在国外分布于东南亚、中亚和欧洲地区。在中国分布于吉林、辽宁、河北、河南、山西、甘肃、陕西、贵州、安徽、四川、江西、云南、山东、广西、浙江、福建、广东等地；保护区（博爱段）有分布。

生物学特征：该物种常悬挂在岩洞洞顶或古建筑物中，同一洞内可见有其他种蝙蝠，但不混群。马铁菊头蝠是季节性单动情性哺乳动物，交配发生于冬眠之前，精子被雌性存储于输卵管直至翌年3—4月进行受精，妊娠期 2~3 个月，每胎产 1 仔。雌性约于 3 岁达到性成熟，雄性常在 2~4 岁达到性成熟。最大寿命可达 30 岁。马铁菊头蝠是夜行性动物，可捕食大量昆虫，其中以害虫居多，如蚊、蛾、金龟子等。

濒危状况及原因：该物种未被列入《国家重点保护野生动物名录》和《有重要生态、科学、社会价值的陆生野生动物名录》。该物种在控制虫害方面具有积极作用，应给予关注和保护。

3.3.21 花面狸 *Paguma larvata*

别名：果子狸、林狸。

分类：哺乳纲（Mammalia）食肉目（Carnivora）林狸科（Prionodontidae）花面狸属（*Paguma*）。

识别特征：体型中等，体重 6~12 kg，体长 530~650 mm。从鼻镜后缘至额顶、颈背有一条宽阔的白色斑纹。躯体没有纵纹和斑点，尾部没有色环。头颈部、四肢下半部和尾的下半部多呈黑色。四肢粗短，行走时以掌、腕垫（前足）和蹠、踝垫（后足）接触地面。掌垫均分为4个小叶，作半圆形排列，中间隔以浅沟。掌垫宽于腕垫，但腕垫长，分为内外两叶，内叶小且仅为外叶宽度之半。肛腺、包皮腺发达。雌雄各有乳头2对，均在腹部。上颌3对门齿排列成弧形。上犬齿发达，呈圆锥状。花面狸毛色因个体与季节不同而有差异，初秋后新毛长好，体色深，多为黑褐色或灰褐色，12月至翌年8月毛色多呈黄棕色、黄灰色。

分布情况：在国外分布于巴基斯坦、不丹、柬埔寨、老挝、马来西亚、孟加拉国、缅甸、尼泊尔、泰国、文莱、印度、印度尼西亚和越南。在中国分布于北京、河北、甘肃、陕西、重庆、四川、河南、河北、湖南、安徽、福建、江西、上海、浙江、广东、广西、西藏、台湾、海南、贵州、云南、广西；河南省伏牛山、桐柏—大别山、太行山等地区有分布，其中保护区（博爱段）分布有一定数量。

生物学特征：花面狸多栖息于山川、沟壑、丘陵、浅山中的落叶阔叶林、针叶林和灌丛的缓坡及干燥裸岩地。多利用天然的石缝、崖洞、土穴、树洞、乱石堆或其他动物遗弃的洞穴作为栖息场所。花面狸是夜行性动物，多在晨昏、夜间和拂晓活动和觅食，昼间多在光线昏暗的巢窝内卧息。花面狸是杂食性动物，主要以植物的果实、种子及昆虫、小型脊椎动物等为食。一般雄性花面狸21~22月龄、雌性10~22月龄性成熟。雌兽是季节性多周期发情。妊娠期52~59天，4—9月产仔；每胎产1~6仔。

濒危状况及原因：野外种群被列入《有重要生态、科学、社会价值的陆生野生动物名录》。因皮毛质量较高以及肉质营养丰富，野生花面狸曾受到一定程度的人为捕猎。从生态系统功能的完整性、生物多样性保护的角度来看，对花面狸资源亦应予以保护。

3.4 保护措施及建议

河南太行山猕猴国家级自然保护区（博爱段）是河南太行山猕猴国家级自然保护区的重要组成部分。自保护区建立以来，区内以太行山猕猴为代表的动物资源得到了较好的保护，保护区的综合实力有明显提升。但是，对野生动物多样性的保护是长期工程，需要常抓不懈。为推动河南太行山猕猴国家级自然保护区（博爱段）的不断发展，提升其管护水平，特提出如下建议。

3.4.1 系统开展太行山猕猴科学研究

太行山猕猴是太行山猕猴国家级自然保护区的主要保护对象。自 20 世纪 80 年代以来，学者们对太行山猕猴开展了资源调查、科学研究工作，并取得了一批重要的研究成果。然而，依旧缺乏对河南太行山猕猴国家级自然保护区（博爱段）有关猕猴的研究报道，并且仅发现该地区东西两侧存在约 2 个群体，沿"博晋路"道路两侧的近中间区域则未发现猕猴活动踪迹，表明该区域东西两侧猕猴群体基因交流可能受到抑制。建议保护管理部门与从事灵长类研究的专家及其团队合作，开展栖息地破碎化对太行山猕猴迁移扩散影响的研究，为太行山猕猴资源的有效保护和合理利用提供科学依据，同时提升保护区的管护水平和整体实力。

3.4.2 对华北豹等国家重点保护野生动物开展专项研究

华北豹是河南太行山猕猴国家级自然保护区（博爱段）的重点保护对象之一。迄今为止，在该保护区邻近区域，发生了有关华北豹被误捕、误伤的事件，该地区华北豹数量有待深入调查。此外，对华北豹的数量现状、动态、致危因素等尚缺乏足够的了解。建议保护区管理部门与相关专家合作，对华北豹、中华斑羚等重点保护动物的数量、分布、活动规律、种群遗传等进行调查、监测、检测，为制订合理的保护对策奠定基础。

3.4.3 对森林生态系统进行整体保护

河南太行山猕猴国家级自然保护区（博爱段）对太行山猕猴东、西部群体基因交流至关重要，因而该地区森林生态系统的完整性、完善性、连通性制约着太行山猕猴的可持续发展。结构和功能完整的森林生态系统是维持动物种类多样性的前提，而森林的连通性则是野生动物不同群体间个体迁移扩散的保障。因此，需要从系统、全局的角度谋划保护区的发展。

3.4.4 构建保护区生物多样性资源数据库

对一个自然保护区来说，了解和掌握受保护对象及相关生物多样性资源本底、现状、动态等信息是制订科学合理的保护对策的前提。在长期数据积累的基础上，构建保护区生物多样性资源数据库和信息化管理系统，对保护区建设与发展、整体水平提升是极其必要且可行的。

主要参考文献

葛凤翔，李新民，张尚仁，1984. 河南省啮齿动物调查报告 [J]. 动物学杂志，3：44-46.

耿德奇，2021. 河南省翼手类多样性及其生存现状研究 [D]. 新乡：河南师范大学.

蒋志刚，2021. 中国生物多样性红色名录 脊椎动物 第一卷 哺乳动物 [M]. 北京：科学出版社.

刘少英，吴毅，李晟，2020. 中国兽类图鉴 [M]. 2版. 福州：海峡书局.

刘伟，2012. 太行山南段洞栖蝙蝠研究 [D]. 新乡：河南师范大学.

路纪琪，王振龙，2012. 河南啮齿动物区系与生态 [M]. 郑州：郑州大学出版社.

牛红星，2008. 河南省翼手类区系分布与系统学研究 [D]. 石家庄：河北师范大学.

瞿文元，王才安，1986. 河南省野生陆栖脊椎动物资源及其保护 [J]. 河南大学学报，24（1）：55-57.

宋朝枢，瞿文元，1996. 太行山猕猴自然保护区科学考察集 [M]. 北京：中国林业出版社.

魏辅文，2022. 中国兽类分类与分布 [M]. 北京：科学出版社.

薛茂盛，姜丙坤，李伟波，等，2016. 运用红外相机对太行山猕猴国家级自然保护区（济源）兽类和鸟类多样性的调查 [J]. 兽类学报，36（3）：313-321.

叶永忠，路纪琪，赵利新，2015. 河南太行山猕猴国家级自然保护区（焦作段）科学考察集 [M]. 郑州：河南科学技术出版社.

张荣祖，2011. 中国动物地理 [M]. 北京：科学出版社.

周家兴，郭田岱，瞿文元，1961. 河南省哺乳动物目录（包括新纪录43种）[J]. 河南师范大学学报（自然科学版）（2）：45-52.

GUO H L, TENG H J, ZHANG J H, et al, 2017. Asian house rats may facilitate their invasive success through suppressing brown rats in chronic interaction [J]. Frontiers in Zoology, 14: 20.

MITHTHAPALA S, SEIDENSTICKER J, O'BRIEN S J, 1996. Phylogeographical subspecies recognition in leopards (*Panthera pardus*): Molecular genetic variation [J]. Conservation Biology, 10: 1115-1131.

UPHYRKINA O, JOHNSON W E, QUIGLEY H, et al, 2001. Phylogenetics, genome diversity and origin of modern leopard, *Panthera pardus* [J]. Molecular Ecology, 10（11）：2617-2633.

第 4 章
鸟 类

经本次实地调查，结合已发表和出版的资料（宋朝枢和瞿文元，1996；牛红星 等，2007；叶永忠 等，2015），发现河南太行山猕猴国家级自然保护区（博爱段）鸟类计有 18 目 45 科 140 种。鸟种鉴定主要依据《中国鸟类图志》（段文科和张正旺，2017）、《中国鸟类野外手册》（约翰·马敬能，2022）进行；依据《中国鸟类系统检索》（第 3 版）（郑作新，2002）、《中国鸟类分类与分布名录》（第四版）（郑光美，2023）和生物物种名录（https://www.catalogueoflife.org/）对鸟类的学名、分类阶元等进行厘定和补充。本次调查发现勺鸡（*Pucrasia macrolopha*）、凤头䴙䴘（*Podiceps cristatus*）和虎斑地鸫（*Zoothera dauma*）均为河南太行山猕猴国家级自然保护区（焦作段）未记录的鸟类。

4.1 鸟类物种名录

结果表明，河南太行山猕猴国家级自然保护区（博爱段）已知分布的 18 目 45 科 140 种鸟类中（表 4-1），包括国家重点保护野生动物一级保护种类 3 种、二级保护种类 25 种，国家"三有动物"112 种。其中，雀形目种类最多，有 26 科 75 种，分别占本区鸟类总科数、总种数的 57.8%、53.6%，这一特征与中国鸟类种类的组成特点相一致；非雀形目 19 科 66 种，分别占本区鸟类总科数、总种数的 42.2%、47.1%；在非雀形目中，雁形目物种数最多（11 种），其次物种数较多的为鹰科（8 种）、鸥䴕科（6 种）和鹭科（5 种）。

表 4-1 河南太行山猕猴国家级自然保护区（博爱段）鸟类物种名录

目	科	种名	学名	居留型	区系成分	保护级别	三有动物
1. 鸡形目	1. 雉科	1. 石鸡	*Alectoris chukar*	R	P		是
		2. 日本鹌鹑	*Coturnix japonica*	P	P	SJ	是（野外）
		3. 红腹锦鸡	*Chrysolophus pictus*	R	P	II	
		4. 环颈雉	*Phasianus colchicus*	R	P		是（野外）
		5. 勺鸡	*Pucrasia macrolopha*	R	P	II	
2. 雁形目	2. 鸭科	6. 豆雁	*Anser fabalis*	W	P		是
		7. 大天鹅	*Cygnus cygnus*	W	P	II，SJ	
		8. 小天鹅	*Cygnus columbianus*	P	P	II，SJ	

续表

目	科	种名	学名	居留型	区系成分	保护级别	三有动物
2. 雁形目	2. 鸭科	9. 花脸鸭	*Anas formosa*	W	W	II, SJ	
		10. 绿翅鸭	*Anas crecca*	W	P	SJ	是
		11. 绿头鸭	*Anas platyrhynchos*	W	P	SJ	是（野外）
		12. 斑嘴鸭	*Anas poecilorhyncha*	R	W		是
		13. 罗纹鸭	*Anas falcata*	W	P	SJ	是
		14. 普通秋沙鸭	*Mergus merganser*	W	P	SJ	是
		15. 赤麻鸭	*Tadorna ferruginea*	W	P	SJ	是
		16. 翘鼻麻鸭	*Tadorna tadorna*	W	P	SJ	是
3. 䴙䴘目	3. 䴙䴘科	17. 小䴙䴘	*Tachybaptus ruficollis*	R	W		是
		18. 凤头䴙䴘	*Podiceps cristatus*	P	W		是
4. 鸽形目	4. 鸠鸽科	19. 岩鸽	*Columba rupestris*	R	P		是
		20. 珠颈斑鸠	*Streptopelia chinensis*	R	O		是
		21. 山斑鸠	*Streptopelia orientalis*	R	W		是
5. 夜鹰目	5. 夜鹰科	22. 普通夜鹰	*Caprimulgus indicus*	S	O	SJ	是
	6. 雨燕科	23. 普通雨燕	*Apus apus*	S	P		是
		24. 白腰雨燕	*Apus pacificus*	S	W	SJ, SA	是
6. 鹃形目	7. 杜鹃科	25. 大杜鹃	*Cuculus canorus*	S	O	SJ	是
		26. 四声杜鹃	*Cuculus micropterus*	S	W		是
		27. 中杜鹃	*Cuculus saturatus*	S	W	SJ	是
7. 鹤形目	8. 秧鸡科	28. 白骨顶	*Fulica atra*	R	W		是
		29. 黑水鸡	*Gallinula chloropus*	R	W	SJ	是
8. 鹳形目	9. 鹳科	30. 黑鹳	*Ciconia nigra*	W	P	I, SJ	
9. 鹈形目	10. 鹭科	31. 大白鹭	*Ardea alba*	W	W	SJ, SA	是
		32. 苍鹭	*Ardea cinerea*	R	W		是

续表

目	科	种名	学名	居留型	区系成分	保护级别	三有动物
9. 鹳形目	10. 鹭科	33. 池鹭	*Ardeola bacchus*	S	W		是
		34. 大麻鳽	*Botaurus stellaris*	P	W	SJ	是
		35. 白鹭	*Egretta garzetta*	S	W		是
10. 鲣鸟目	11. 鸬鹚科	36. 普通鸬鹚	*Phalacrocorax carbo*	S	W		是
11. 鸻形目	12. 鹬科	37. 扇尾沙锥	*Gallinago gallinago*	P	P	SJ, SA	是
		38. 白腰草鹬	*Tringa ochropus*	W	P	SJ	是
	13. 鸥科	39. 普通燕鸥	*Sterna hirundo*	S	P	SJ, SA	是
12. 鸮形目	14. 鸱鸮科	40. 长耳鸮	*Asio otus*	W	P	Ⅱ, SJ	
		41. 短耳鸮	*Asio flammeus*	W	P	Ⅱ, SJ	
		42. 纵纹腹小鸮	*Athene noctua*	R	P	Ⅱ	
		43. 雕鸮	*Bubo bubo*	R	W	Ⅱ	
		44. 领角鸮	*Otus lettia*	R	O	Ⅱ	
		45. 红角鸮	*Otus sunia*	S	W	Ⅱ	
13. 鹰形目	15. 鹰科	46. 苍鹰	*Accipiter gentilis*	P	P	Ⅱ	
		47. 雀鹰	*Accipiter nisus*	P	P	Ⅱ	
		48. 松雀鹰	*Accipiter virgatus*	P	W	Ⅱ, SJ	
		49. 金雕	*Aquila chrysaetos*	R	P	Ⅰ	
		50. 普通鵟	*Buteo buteo*	P	P	Ⅱ	
		51. 大鵟	*Buteo hemilasius*	W	P	Ⅱ	
		52. 白尾鹞	*Circus cyaneus*	P	P	Ⅱ, SJ	
		53. 黑鸢	*Milvus migrans*	P	W	Ⅱ	
14. 犀鸟目	16. 戴胜科	54. 戴胜	*Upupa epops*	R	W		是
15. 佛法僧目	17. 翠鸟科	55. 普通翠鸟	*Alcedo atthis*	R	W		是
		56. 冠鱼狗	*Megaceryle lugubris*	R	W		是

续表

目	科	种名	学名	居留型	区系成分	保护级别	三有动物
15.佛法僧目	17.翠鸟科	57.蓝翡翠	*Halcyon pileata*	S	O		是
16.啄木鸟目	18.啄木鸟科	58.星头啄木鸟	*Dendrocopos canicapillus*	R	O		是
		59.大斑啄木鸟	*Dendrocopos major*	R	P		是
		60.斑姬啄木鸟	*Picumnus innominatus*	P	O		是
		61.灰头绿啄木鸟	*Picus canus*	R	W		是
		62.蚁䴕	*Jynx torquilla*	R	W		是
17.隼形目	19.隼科	63.红脚隼	*Falco amurensis*	S	P	Ⅱ	
		64.黄爪隼	*Falco naumanni*	P	P	Ⅱ	
		65.游隼	*Falco peregrinus*	P	P	Ⅱ	
		66.红隼	*Falco tinnunculus*	R	W	Ⅱ	
18.雀形目	20.黄鹂科	67.黑枕黄鹂	*Oriolus chinensis*	S	W	SJ	是
	21.卷尾科	68.发冠卷尾	*Dicrurus hottentottus*	S	W		是
		69.黑卷尾	*Dicrurus macrocercus*	S	W		是
	22.伯劳科	70.红尾伯劳	*Lanius cristatus*	R	W	SJ	是
		71.棕背伯劳	*Lanius schach*	R	O		是
		72.楔尾伯劳	*Lanius sphenocercus*	W	W		是
	23.鸦科	73.秃鼻乌鸦	*Corvus frugilegus*	R	P	SJ	是
		74.大嘴乌鸦	*Corvus macrorhynchos*	R	W		是
		75.灰喜鹊	*Cyanopica cyanus*	R	P		是
		76.松鸦	*Garrulus glandarius*	R	P		是
		77.星鸦	*Nucifraga caryocatactes*	R	P		是
		78.喜鹊	*Pica pica*	R	W		是
		79.红嘴山鸦	*Pyrrhocorax pyrrhocorax*	S	P		是
		80.红嘴蓝鹊	*Urocissa erythrorhyncha*	R	O		是

续表

目	科	种名	学名	居留型	区系成分	保护级别	三有动物
18. 雀形目	24. 山雀科	81. 大山雀	*Parus cinereums*	R	W		是
		82. 沼泽山雀	*Parus palustris*	R	P		是
		83. 黄腹山雀	*Parus venustulus*	R	O		是
	25. 百灵科	84. 短趾百灵	*Calandrella cheleensis*	S	P		是
		85. 凤头百灵	*Galerida cristata*	R	P		是
	26. 扇尾莺科	86. 棕扇尾莺	*Cisticola juncidis*	W	W		是
	27. 苇莺科	87. 东方大苇莺	*Acrocephalus orientalis*	S	W		是
	28. 燕科	88. 金腰燕	*Cecropis daurica*	S	W	SJ	是
		89. 家燕	*Hirundo rustica*	S	W	SJ，SA	是
		90. 崖沙燕	*Riparia riparia*	S	W	SJ	是
	29. 鹎科	91. 白头鹎	*Pycnonotus sinensis*	R	O		是
	30. 柳莺科	92. 黄眉柳莺	*Phylloscopus inornatus*	P	P	SJ	是
		93. 黄腰柳莺	*Phylloscopus proregulus*	P	P		是
	31. 树莺科	94. 远东树莺	*Cettia canturians*	S	W		是
		95. 强脚树莺	*Cettia fortipes*	R	P		是
	32. 长尾山雀科	96. 银喉长尾山雀	*Aegithalos caudatus*	R	P		是
		97. 红头长尾山雀	*Aegithalos concinnus*	R	O		是
	33. 鸦雀科	98. 棕头鸦雀	*Paradoxornis webbianus*	R	P		是
	34. 绣眼鸟科	99. 红胁绣眼鸟	*Zosterops erythropleurus*	P	P	II	
		100. 暗绿绣眼鸟	*Zosterops japonicus*	S	O		是
	35. 林鹛科	101. 斑胸钩嘴鹛	*Erythrogenys gravivox*	R	O		是
		102. 棕颈钩嘴鹛	*Pomatorhinus ruficollis*	R	O		是
	36. 噪鹛科	103. 山噪鹛	*Garrulax davidi*	R	P		是
		104. 黑脸噪鹛	*Garrulax perspicillatus*	R	O		是

续表

目	科	种名	学名	居留型	区系成分	保护级别	三有动物
18. 雀形目	36. 噪鹛科	105. 橙翅噪鹛	*Trochalopteron elliotii*	R	P	II	
	37. 鹪鹩科	106. 鹪鹩	*Troglodytes troglodytes*	R	P		是
	38. 河乌科	107. 褐河乌	*Cinclus pallasii*	R	W		是
	39. 椋鸟科	108. 灰椋鸟	*Sturnus cineraceus*	R	W		是
	40. 鸫科	109. 斑鸫	*Turdus eunomus*	P	P	SJ	是
		110. 乌鸫	*Turdus mandarinus*	R	O		是
		111. 虎斑地鸫	*Zoothera dauma*	P	P		是
	41. 鹟科	112. 白顶溪鸲	*Chaimarrornis leucocephalus*	R	W		是
		113. 白额燕尾	*Enicurus leschenaulti*	R	O		是
		114. 红喉歌鸲	*Luscinia calliope*	P	W	II, SJ	
		115. 蓝矶鸫	*Monticola solitarius*	W	P		是
		116. 红胁蓝尾鸲	*Tarsiger cyanurus*	P	W	SJ	是
		117. 北红尾鸲	*Phoenicurus auroreus*	R	P	SJ	是
		118. 红尾水鸲	*Rhyacornis fuliginosa*	R	W		是
	42. 雀科	119. 麻雀	*Passer montanus*	R	W		是
		120. 山麻雀	*Passer cinnamomeus*	R	W	SJ	是
	43. 鹡鸰科	121. 水鹨	*Anthus spinoletta*	S	P	SJ	是
		122. 树鹨	*Anthus hodgsoni*	S	W	SJ, SA	是
		123. 山鹡鸰	*Dendronanthus indicus*	S	W	SJ	是
		124. 白鹡鸰	*Motacilla alba*	R	W	SJ, SA	是
		125. 黄头鹡鸰	*Motacilla citreola*	P	W	SJ, SA	是
		126. 黄鹡鸰	*Motacilla flava*	S	P	SJ, SA	是
	44. 燕雀科	127. 金翅雀	*Carduelis sinica*	R	W		是
		128. 普通朱雀	*Carpodacus erythrinus*	P	W	SJ	是

续表

目	科	种名	学名	居留型	区系成分	保护级别	三有动物
18.雀形目	44.燕雀科	129.黑尾蜡嘴雀	*Eophona migratoria*	R	W	SJ	是
		130.黑头蜡嘴雀	*Eophona personata*	P	P		是
		131.燕雀	*Fringilla montifringilla*	W	P	SJ	是
		132.长尾雀	*Uragus sibiricus*	R	P	SJ	是
	45.鹀科	133.黄胸鹀	*Emberiza aureola*	P	P	I, SJ	
		134.三道眉草鹀	*Emberiza cioides*	R	P		是
		135.黄喉鹀	*Emberiza elegans*	R	P	SJ	是
		136.灰眉岩鹀	*Emberiza godlewskii*	R	P		是
		137.苇鹀	*Emberiza pallasi*	R	P	SJ	是
		138.小鹀	*Emberiza pusilla*	W	P		是
		139.田鹀	*Emberiza rustica*	S		SJ	是
		140.灰头鹀	*Emberiza spodocephala*	R	P	SJ	是

注：居留型中R指留鸟，W指冬候鸟，S指夏候鸟，P指旅鸟；区系成分中P指古北界种，O指东洋界种，W指广布种；保护级别中，Ⅰ和Ⅱ指分别为被列入《国家重点保护野生动物名录》的一、二级重点保护野生动物，SJ为中日候鸟保护协定中保护鸟类，SA为中澳候鸟保护协定中保护鸟类；"三有动物"指被列入《有重要生态、科学、社会价值的陆生野生动物名录》。

4.2 区系特征与居留型

从鸟类区系情况来看，古北界种为多，有66种，占本区鸟类总数的47.1%，常见种有绿头鸭（*Anas platyrhynchos*）、普通鵟（*Buteo buteo*）、大斑啄木鸟（*Dendrocopos major*）、北红尾鸲（*Phoenicurus auroreus*）、环颈雉（*Phasianus colchicus*）和三道眉草鹀（*Emberiza cioides*）等；广布种56种，占本区鸟类总数的40%，常见种有小䴙䴘（*Tachybaptus ruficollis*）、白鹭（*Egretta garzetta*）、四声杜鹃（*Cuculus micropterus*）、山斑鸠（*Streptopelia orientalis*）、普通翠鸟（*Alcedo atthis*）、黑卷尾（*Dicrurus macrocercus*）、白鹡鸰（*Motacilla alba*）、喜鹊（*Pica pica*）和大山雀（*Parus major*）等；东洋界种最少，有18种，占本区鸟类总数的12.9%，常见种有

珠颈斑鸠（*Streptopelia chinensis*）、白头鹎（*Pycnonotus sinensis*）、棕背伯劳（*Lanius schach*）和红嘴蓝鹊（*Urocissa erythrorhyncha*）等。

按照张荣祖（2011）对我国动物区系的划分，河南跨越东洋、古北两界，而河南太行山猕猴国家级自然保护区（博爱段）鸟类的区系以古北界种类居多，其次是广布种鸟类，而东洋界鸟类最少，与中国动物地理区划中河南跨越东洋古北两界、保护区处于河南北部、大部分处于古北界且远离分界线的实际情况相一致。

从鸟类的居留特征来看，在河南太行山猕猴国家级自然保护区（博爱段）的留鸟有 66 种，占本区鸟类总数的 47.1%；候鸟中夏候鸟 30 种（21.4%），冬候鸟 20 种（14.3%）；旅鸟 26 种，占本区鸟类总数的 18.6%。在保护区内，夏候鸟略多于冬候鸟，这一特征与张荣祖（2011）的"广大的北方与高原山地，夏候鸟多于冬候鸟"观点相一致。旅鸟种数占到 18.6%，所占比例高过冬候鸟，与河南省位于中国 3 条候鸟迁徙路线的中线，多有候鸟迁徙中途于此暂栖停留的实际情况相符。

4.3 重点保护鸟类

4.3.1 金雕 *Aquila chrysaetos*

别名：鹫雕、浩白雕、红头雕、老雕、虎斑雕。

分类：鸟纲（Aves）隼形目（Falconiformes）鹰科（Accipitridae）真雕属（*Aquila*）。

识别特征：大型猛禽，体长 76~102 cm，翼展达 2.3 m，体重 2~6.5 kg。雌雄同色。头顶黑褐色，后颈暗棕褐色，上体余部及翅暗赤褐色沾紫色光泽，次级飞翔近羽基的一半呈灰白色，在翅下有显著白斑，肩羽基部灰白色具云雾状褐斑；尾羽灰白色，具 1~2 条不规则的灰褐色横斑；下体大都暗褐色，尾下覆羽棕褐色沾灰色。亚成鸟尾羽基部和初级飞羽基部白色，在飞行时从腹面明显可见这 3 处白斑。虹膜褐色，喙灰色，脚黄色。

分布情况：在国外分布于北美洲、欧洲、北非、亚洲中北部。在中国分布于东北、华北、华中、西北及青藏高原、西南山区等地，均为留鸟，其中保护区（博爱段）内数量稀少，罕见。

生物学特征：金雕栖息于高山、平原、河谷的森林地带，冬季常到平原、农田活动，停息于大树枝、峭壁尖和高大的电线杆顶部。性凶猛，捕食大型鸟类和兽类，如野鸡、野鸭、兔、狍、山羊等，也吃尸体。每年 2—3 月开始营巢，巢常筑于峭壁地段，高山峻岭的石质平台，凹处和缝隙内，也有在高大树冠上，每窝产卵

1~2枚，孵化期40天，抚育80天后，幼鸟离巢活动。金雕为河南留鸟。

4.3.2 黑鹳 *Ciconia nigra*

别名：黑巨鹳、黑巨鸡、黑老鹳、乌鹳。

分类：鸟纲（Aves）鹳形目（Ciconiiformes）鹳科（Ciconiidae）鹳属（*Ciconia*）。

识别特征：黑鹳上体羽黑色并带有绿紫色金属光泽，胸腹部羽白色；喙、腿均为红色；两性相似；成鸟喙长而直，基部较粗，往先端逐渐变细；脚长，前趾基部间具蹼，虹膜褐色或黑色，眼周具裸露皮肤，裸皮红色；幼鸟头、颈和上胸褐色，颈和上胸具棕褐色斑点，喙、脚灰褐色或橙红色。虹膜褐色，喙红色，脚红色。

分布情况：繁殖于中国北方，越冬至长江以南地区及台湾。在国内见于新疆的塔里木河流域、天山、阿尔泰山、准噶尔盆地和东部盆地；青海的西宁、祁连山；甘肃的东北部、中部，西南部的祁连山以及西北部的张掖、酒泉、敦煌；内蒙古的西北部和中部的鄂尔多斯市、东胜、乌梁素海、呼和浩特以及东北部的巴林、赤峰、阿伦河；黑龙江的哈尔滨、山河屯、牡丹江；吉林的长白山；辽宁的熊岳、朝阳等地。整体数量减少的原因主要是森林砍伐、沼泽湿地开垦、环境污染和恶化，致使栖息地被破坏、消失，主要食物如鱼类和其他小型动物来源减少。保护区（博爱段）内数量稀少，罕见。

生物学特征：主要栖息于大型湖泊、沼泽和河流附近，繁殖于崖壁或者高树上。越冬时多活动于开阔的平原，冬季可能成家族群活动。黑鹳不善鸣叫，性机警而怕人，喜在沼泽和湿地上觅食鱼、蛙、甲壳类和昆虫等食物。黑鹳繁殖期在4—7月，3月初至4月中旬开始营巢，喜营巢于人为干扰较小的偏僻处，窝卵数在4~5枚，第1枚卵产出后即开始孵卵，由雌雄亲鸟轮流进行。黑鹳一般3~4岁达到性成熟。

4.3.3 黄胸鹀 *Emberiza aureola*

别名：黄胆、禾花雀。

分类：鸟纲（Aves）雀形目（Passeriformes）鹀科（Emberizidae）鹀属（*Emberiza*）。

识别特征：小型鸣禽，体重雄性20~29 g，雌性18.5~24 g；体长雄性13.4~15.9 cm，雌性13~15.8 cm。雄鸟头部、上体和胸部栗红色，下体黄色；两翅和尾黑褐色，翅上覆羽和三级飞羽具灰白色羽缘。雌鸟顶冠、上背、胸及两胁具深色纵纹，有淡色眉纹；下体黄白色，具暗色纵纹。虹膜深栗褐色，上喙灰色而下喙粉褐色，脚淡褐色。

分布情况：在国外分布于东欧、亚洲北部、东南亚等地。在中国繁殖于内蒙古东部、黑龙江、吉林、辽宁、河北、新疆等地，迁徙期间经过中东部大部分地区。保护区（博爱段）内有分布。过度捕猎是该物种数量大幅度下降的原因。

生活习性：栖息于低山丘陵和开阔平原地带的灌丛、草甸、草地和林缘地带，尤其喜欢河流、湖泊、沼泽和林缘附近的灌丛、草地，也栖息于有稀疏柳树、桦树、杨树的灌丛草地和田间、地头。迁徙期间多见于低山和山脚地带。繁殖期间常单独或成对活动，非繁殖期则喜成群。

4.3.4 大天鹅 Cygnus cygnus

别名：白鹅、大鹄、鹄、黄嘴天鹅、天鹅、白天鹅。

分类：鸟纲（Aves）雁形目（Anseriformes）鸭科（Anatidae）天鹅属（*Cygnus*）。

识别特征：大型游禽，体长 120~160 cm。雌雄羽色相同，全身羽毛纯白色。颈特长而弯曲，约为体长的 1/2。游泳时颈部常与水面垂直。嘴黑色，嘴基黄色斑前伸至鼻孔之下，约占嘴峰长度的 1/2。亚成体羽色较疣鼻天鹅更为单调，嘴色亦淡。虹膜褐色，喙黑而基部为黄色，脚黑色。

分布情况：分布于格陵兰岛、北欧、亚洲北部，越冬在中欧、中亚及中国；繁殖于在中国北方、俄罗斯西伯利亚等地的湖泊苇地，越冬于我国华中及东南沿海；在保护区（博爱段）东西侧水库等地可见。

生物学特征：大天鹅为冬候鸟，每年 11 月上旬迁来河南越冬，迁飞时常组成 6~20 只小群，队列呈"一"字形或"人"字形，飞行时较安静，偶尔伴有响亮鸣声。越冬期间无论是在取食或休息时，都保持着成对的现象。翌年 3 月下旬离开河南到北方繁殖。栖息于河流、湖、塘和水库，主要以水草为食，也取食少量的软体动物和昆虫。

4.3.5 红腹锦鸡 Chrysolophus pictus

别名：金鸡。

分类：鸟纲（Aves）鸡形目（Galliformes）雉科（Phasianidae）锦鸡属（*Chrysolophus*）。

识别特征：雄鸟体型显小但修长（体长约 10 cm），头顶及背有耀眼的金色丝状羽；枕部披风为金色并具黑色条纹；上背金属绿色，下体绯红。翅为金属蓝色，尾长而弯曲，中央尾羽近黑色而具皮黄色斑点，其余部位呈黄褐色。雌鸟体型较小（体长约 6.5 cm），为黄褐色，上体密布黑色横斑，下体淡皮黄色。虹膜黄色；喙绿黄色；脚角质黄色。

分布情况：在中国分布于中部和西部的青海西南部地区，陕西南部以及四川、湖北、云南、贵州、湖南、广西、甘肃等地，分布的核心区域在甘肃和陕西南部的秦岭。河南太行山猕猴国家级自然保护区（博爱段）内可见。

生物学特征：红腹锦鸡栖息于山地常绿阔叶林、针阔叶混交林和针叶林中，也栖息于林缘灌丛、草丛和矮竹林间，冬季到农田附近觅食。夜晚栖于树冠隐蔽处，白天下树在地上活动。单独或成小群活动，在森林中游荡觅食。杂食性，以取食植物为主，主要取食草籽、果实以及农作物等，兼食昆虫和小型无脊椎动物。

4.3.6 勺鸡 Pucrasia macrolopha

别名：松鸡、角鸡、旅鸟。

分类：鸟纲（Aves）鸡形目（Galliformes）雉科（Phasianidae）勺鸡属（*Pucrasia*）。

识别特征：体长 50～54 cm。雄鸟的头和相连的一段颈部亮黑，头顶至羽冠橄榄褐色，颈侧有一大白斑，其后有半圈棕黄色领环，其后和胸腹两侧均灰，具"八"字形黑纹，外侧尾羽具白端和近端栗斑。雌鸟的羽冠较短；领环粉红色沾灰色，杂有黑斑，其后为灰色，具蠹状纹和轴纹；胸以后下体灰白色沾粉红色，外侧尾羽和尾下覆羽有白端。雄性嘴黑褐色，雌性下嘴较黄。雄性脚灰褐色，雌性脚黄褐色。虹膜褐色，喙近褐色，脚紫灰色。

分布情况：在中国分布于西藏的极东南部，云南西部，往北直抵东北辽宁的极西南部，往东至浙江及福建和广东北部，分布呈现不连续现象。其中，保护区（博爱段）内可见。

生物学特征：常栖于海拔 1000～4000 m 的针阔叶混交林，特别喜在高低不平而密生灌丛的多岩坡地。勺鸡的食物包括杨叶、桦叶、漏斗菜荚果、六道木叶、野榆叶以及歪头菜的荚果等。勺鸡筑成平浅的窝，置于灌丛间的地面上。每窝通常产卵 5～7 枚，卵呈浅黄色以至深浓的带粉红的皮黄色，而杂以深褐色或褐紫色的粗斑，有时满布无数细点，在卵的钝端较多而密。

4.3.7 普通鵟 Buteo buteo

别名：土豹、老鹰、鸽虎。

分类：鸟纲（Aves）隼形目（Falconiformes）鹰科（Accipitridae）鵟属（*Buteo*）。

识别特征：中型猛禽，体长 51～59 cm。体色变化较大，有暗色、棕色和淡色型。暗色型上体大都黑褐色，肩、翅色较浅淡，羽缘灰褐色，初级飞羽 1～5 枚，羽尖黑褐色，具紫色光泽，羽干白色，尾羽暗褐色沾棕色，具暗褐色横斑。头、颊黑褐色，颏、喉黑褐色沾棕黄色，胸、腹乳黄色，羽具粗纵纹，胸具粗形横斑，尾下覆羽灰白沾淡棕黄色。淡色型上体暗褐色，羽端浅灰色，头顶至上背羽端沾浅棕褐，颈部羽基白色，头侧羽端棕褐色杂以淡褐色纵纹，飞羽暗褐色，外侧初级飞羽具大形白色沾黄色的块斑，尾羽暗褐色沾棕色具暗色横斑，羽端黄褐色，下体乳黄白色，尾下覆羽白色。棕褐型上体灰褐色，羽端白色，背和翅羽端淡棕黄色，尾羽灰褐色具暗色横斑，翅下具大形白色块斑，颏、喉灰白色，喉具浅褐色纵纹，胸、胁乳黄色具褐色粗纹，腹乳白色具棕褐横斑。虹膜黄色至褐色，喙灰色且端黑色，脚黄色。

分布情况：在国外广泛分布于欧亚大陆及非洲北部。在中国分布广泛，几乎遍及全国各地，在东北北部及中部繁殖，其他大部分地区为旅鸟或冬候鸟；在保护区（博爱段）为旅鸟，每年10月至翌年3月过境，数量较少。

生物学特征：主要栖息于山地森林和林缘地带，秋冬季常出现在低山丘陵、草地、农田和村落附近上空。多单独活动，有时亦见2~4只在天空盘旋。白天活动，多在空中盘旋滑翔，一旦发现地面猎物，突然快速俯冲而下，用利爪抓捕。此外也栖息于树枝或电线杆上等高处等待猎物，当猎物出现在眼前时才突袭捕猎。食性杂，主要以森林鼠类为食，捕食各种啮齿动物，此外也吃蛙、蜥蜴、蛇、野兔、小型鸟类和大型昆虫等动物，有时亦到村庄捕食鸡等家禽。

4.3.8 红隼 *Falco tinnunculus*

别名：隼、红鹰、黄鹰、红鹞子。

分类：鸟纲（Aves）隼形目（Falconiformes）隼科（Falconidae）隼属（*Falco*）。

识别特征：小型猛禽，体长31~38 cm。雄鸟额部棕白，头顶和后颈暗蓝灰色，具暗色羽轴纹，背、肩和翅内侧覆羽淡锈红色，具大小不等的三角形黑色点斑，腰及尾上覆羽蓝灰色，尾灰色，羽端灰白色，具黑色窄横斑及宽的次端斑。飞羽及外侧覆羽暗褐色，眼先和眉纹棕白色，颊和耳羽苍灰色，下体、颏和喉乳白色，胸、腹及胁淡棕黄色，胸具暗黑色条纹，腹和胁具暗黑色斑点，尾下覆羽洁白沾棕色。雌鸟上体暗锈红色，头顶和颈具暗黑褐条纹，上体余部具暗褐横斑，尾具暗黑褐横斑及一道宽的次端斑，羽端棕白色。虹膜褐色，喙灰色且端黑色，脚黄色。

分布情况：红隼在国内几乎遍布全国各地；在国外分布于欧洲、非洲、亚洲东北部以及也门、印度、日本、菲律宾等地。河南太行山猕猴国家级自然保护区（博爱段）内数量较少，不常见。

生物学特征：红隼主要栖息于开阔的山麓、疏林、灌丛、林缘、耕地、河谷和村庄。主要以昆虫为食，也吃鼠类、小鸟、蛙和蜥蜴等，营巢于峭壁、树洞、山洞，有时也抢占其他鸟类的旧巢。繁殖期5—7月，每窝产卵4~6枚，经28~30天孵化破壳，幼鸟经过约30天抚育后离巢活动。红隼在保护区（博爱段）为留鸟。

4.3.9 领角鸮 Otus bakkamoena

别名：毛脚鸺鹠、光足鸺鹠。

分类：鸟纲（Aves）鸮形目（Strigiformes）鸱鸮科（Strigidae）角鸮属（Otus）。

识别特征：小型鸮类，体长约20 cm。外形似红角鸮，不同的是它的后颈基部有一显著的翎领，眉纹、眼先和眼下均白色，眼先羽干末端黑色，额、头顶、头侧、后颈和耳羽及颈侧均暗褐色，具棕白色点斑，点斑相并形成不连续的横斑，肩羽外翈白色，形成两条明显的白色纵带，背、腰和尾上覆羽及翅上覆羽和内侧次级飞羽均暗褐色横斑，尾羽黑褐色，具橙色横斑，颏、颊、下喉和胸白色，上喉与背同色形成一条横带，腹、胁、尾下覆羽白色，覆腿羽白色具褐色横斑。虹膜深褐色，喙污黄色，脚污黄色。

分布情况：在国外分布于俄罗斯、日本、菲律宾、中南半岛、缅甸、泰国、印度、斯里兰卡、马来西亚和印度尼西亚等国家（地区）。在中国分布于黑龙江、吉林、辽宁、河北、山东、陕西、河南、江苏、江西、安徽、福建、广东、广西、云南、贵州、四川、台湾和海南岛；其中保护区（博爱段）内数量稀少，不常见。

生物学特征：在河南为留鸟，栖息于近水源的山区混交林、农田村落附近。夜间活动，飞行快无声，夜间视力极好，主要以鼠类和昆虫为食。繁殖期3—6月，在树洞、墙洞营巢，每窝产卵3~5枚，孵化期约15天，幼鸟经过约30天的抚育后可离巢活动。

4.3.10 雕鸮 Bubo bubo

别名：猫头鹰、夜猫子。

分类：鸟纲（Aves）鸮形目（Strigiformes）鸱鸮科（Strigidae）雕鸮属（Bubo）。

识别特征：大型鸮类，体长约65 cm。通体羽毛多黄褐色，满布黑褐色细横斑和较粗的纵纹，头大而圆，眼大，两眼向前，头顶黑褐色，杂以褐色细斑，耳羽发达，显著突出于头顶两侧，外侧黑色，内侧棕色，后颈、上背及下体棕色较重。后颈、背及胸部黑色纵纹宽而显著，初级飞羽和次级飞羽黑褐色较重，初级飞羽具

6~8个黑褐色横斑。尾下覆羽淡黄色，具有细黑褐色波状横斑。虹膜橙黄色，喙灰色，脚黄色。

分布情况：在国外遍布于欧亚大部分地区和非洲地区，从斯堪的纳维亚半岛，一直向东穿过西伯利亚到萨哈林岛和千岛群岛，往南一直到亚洲南部的伊朗、印度和缅甸北部；在非洲，从撒哈拉大沙漠南缘到阿拉伯半岛均有分布。在中国广泛分布；保护区（博爱段）内有分布。

生物学特征：栖息于森林、平原、荒野多种环境，黄昏时出外捕食，拂晓时回到栖息地休息。主要猎食鼠类、兔、蛙、雉鸡和小鸟，也吃大量昆虫。在河南繁殖期4—6月，营巢于树洞或峭壁的凹陷处，每窝产卵2~5枚，孵化期39~40天，幼鸟经过90天左右的抚育可离巢活动。

4.4 鸟类的保护

鸟类是森林生态系统的重要组成成分，是生物多样性的重要组成部分。对鸟类的保护，不仅有利于维持生态平衡、稳定，也有利于生态文明建设。随着以《中华人民共和国野生动物保护法》为主的法律法规的宣传普及，人们对保护生态环境、保护野生动物的意识得到极大的提升，鸟类的生态意义、潜在价值和美学观赏价值得到了更多的重视，各级政府、自然保护区、环保组织等开展了大量的鸟类保护工作。然而，亦存在一些值得关注的问题。为维护自然保护区良好的生态环境，充分发挥鸟类的生态功能与直接和间接价值，建议采取以下保护措施。

4.4.1 加强栖息地保护

保护区（博爱段）的鸟类包括留鸟、候鸟和旅鸟，栖息地的质量高低不仅可直接决定留鸟的生存和繁衍，亦可显著影响候鸟和旅鸟是否在该地区临时停歇、繁殖。故而，栖息地保护、质量提升是鸟类保护的关键。基于此，建议严禁砍伐林木，对植被质量差或者退耕还林区域进行综合治理，提升区内植被质量、生态系统功能，重视防火、科学管控虫害，避免或尽可能降低产生干扰鸟类繁殖的人类活动；构建自然蓄水池，预防水源干涸和污染。

4.4.2 严格管控生态旅游

"绿水青山就是金山银山"，积极探索以保护部门为主导、旅游开发方与社区共同参与的生态旅游模式，从而实现区域经济良性发展与生态环境保护相协调。为实现此目标，需采取多途径和方式，向社区居民和游客宣传保护鸟类、保护生态环境等方面的知识；与相关机构、组织开展科学观鸟活动，降低、避免对鸟类的负面影响。

4.4.3 加强科学研究工作

鸟类的分布、生存和繁衍等受诸多因素影响，揭示限制或影响鸟类的关键因素则有助于鸟类的保护。故而，需对鸟类的物种多样性、种群数量变动、地理分布、生态行为、栖息繁殖环境、濒危状况及原因、国家重点保护鸟类等的生物学特性等做长期、持续深入的研究，为鸟类的有效保护提供科学依据。

4.4.4 强化执法

鸟类活动范围具有较高的可变性，尤其是候鸟，因而保护区内及其周边均可能是鸟类生存和繁衍的环境。为避免或尽量降低人类活动对鸟类产生负面影响，需要保护区结合相关部门，切实执行野生动物保护的相关法律法规，做好法制宣传教育，加大执法力度。

主要参考文献

段文科，张正旺，2017. 中国鸟类图志 [M]. 北京：中国林业出版社.

牛红星，余燕，王艳梅，等，2007. 河南省太行山国家级猕猴自然保护区鸟类区系调查 [J]. 四川动物，26（1）：77-81.

宋朝枢，瞿文元，1996. 太行山猕猴自然保护区科学考察集 [M]. 北京：中国林业出版社.

叶永忠，路纪琪，赵利新，2015. 河南太行山猕猴国家级自然保护区（焦作段）科学考察集 [M]. 郑州：河南科学技术出版社.

约翰·马敬能，2022. 中国鸟类野外手册 [M]. 北京：商务印书馆.

张浮允，杨若莉，1999. 中国鸟类迁徙研究 [M]. 北京：中国林业出版社.

张荣祖，2011. 中国动物地理 [M]. 2版. 北京：科学出版社.

郑光美，2023. 中国鸟类分类与分布名录 [M]. 4版. 北京：科学出版社.

郑作新，2002. 中国鸟类系统检索 [M]. 3版. 北京：科学出版社.

第 5 章

爬行类

经过实地调查，参考相关文献资料（周家兴和单元勋，1961；瞿文元，1985；宋朝枢和瞿文元，1996；瞿文元 等，2002；叶永忠 等，2015；赵海鹏 等，2015），结合走访保护区工作人员等，梳理出河南太行山猕猴国家级自然保护区（博爱段）有爬行类物种 2 目 6 科 13 属 17 种。另外，根据《中国爬行动物图鉴》（季达明和温世生，2002）、《中国蛇类》（赵尔宓，2006）、《中国蛇类图鉴》（黄松 2021）、《中国贸易龟类检索图鉴》（史海涛，2013）、《中国生物多样性红色名录：脊椎动物 第三卷 爬行动物》（王跃招，2021）及其他相关文献资料，对原有种类的学名、分类阶元等方面进行了厘定和补充。

5.1 爬行类物种名录

调查显示，河南太行山猕猴国家级自然保护区（博爱段）爬行类包括 2 个目，其中龟鳖目 2 科 2 属 2 种，有鳞目 4 科 11 属 15 种，其中有鳞目中游蛇科占 9 种，为优势科（表 5-1）。中国特有种 5 种，占总数的 29.4%。

表 5-1 河南太行山猕猴国家级自然保护区（博爱段）爬行类物种名录

分类阶元	区系成分	中国特有种	分布型	保护级别	濒危等级
一、龟鳖目 Testudinata					
（一）鳖科 Trionychidae					
1. 中华鳖 *Pelodidcus sinensis*	W	√	E		EN
（二）地龟科 Geoemydidae					
2. 乌龟 *Mauremys reevesii*	W		S	II	EN
二、有鳞目 Squamata					
（三）壁虎科 Gekkonidae					
3. 无蹼壁虎 *Gekko swinhonis*	P		B	三有	VU
（四）蜥蜴科 Lacertidae					
4. 丽斑麻蜥 *Eremias argus*	P		X	三有	LC
5. 山地麻蜥 *E. brenchleyi*	P		X	三有	LC
6. 北草蜥 *Takydromus septentrionalis*	W		E	三有	LC
（五）石龙子科 Scincidae					
7. 蓝尾石龙子 *Eumeces elegans*	O		S	三有	LC
8. 铜蜓蜥 *Sphenomorphus indicus*	O		W	三有	LC

续表

分类阶元	区系成分	中国特有种	分布型	保护级别	濒危等级
（六）游蛇科 Colubridae					
9. 赤链蛇 *Dinodon rufozonatum*	W		E	三有	LC
10. 黄脊游蛇 *Orientocoluber spinalis*	P		U	三有	LC
11. 王锦蛇 *Elaphe carinata*	O	√	S	三有	EN
12. 白条锦蛇 *E. dione*	P		U	三有	LC
13. 玉斑锦蛇 *E. mandarina*	O	√	S	三有	VU
14. 黑眉锦蛇 *E. taeniura*	W	√	W	三有	VU
15. 红纹滞卵蛇 *Oocatochus rufodorsatus*	W		E	三有	LC
16. 虎斑颈槽蛇 *Rhabdophis tigrinus*	W		E	三有	LC
17. 乌梢蛇 *Ptyas dhumnades*	O	√	W	三有	VU

注：区系组成中 O 指东洋界种，P 指古北界种，W 指广布界种；分布型中 X 指东北华北型，B 指华北型，S 指南中国型，W 指东洋型，E 指季风型，U 指古北型；保护级别中 I、II 分别为被列入《国家重点保护野生动物名录》的一、二级重点保护野生动物，"三有"指被列入《有重要生态、科学、社会价值的陆生野生动物名录》；濒危等级依据《中国生物多样性红色名录》中 EN 指濒危，VU 指易危，LC 指无危。

5.2 区系与分布型分析

依据《中国动物地理》（张荣祖，2011），对该地区爬行类进行区系分析表明，广布种、古北界种和东洋界种分别为 7 种、5 种和 5 种，分别占 41.2%、29.4% 和 29.4%（表 5-1），可见该地区爬行类区系组成上以广布种为主，亦呈现出东洋界与古北界过渡地带特征，此特征与河南为东洋、古北两界过渡带的划分相一致。此外，分布型分析表明，该地区现生爬行类中，南中国型及东洋型有 7 种（41.2%），季风型有 5 种（29.4%），东北、华北及古北型有 5 种（29.4%），即该地区爬行类中属中国南方的物种比例略大，而季风型和东北、华北及古北型属北方的种类比例持平，体现出东洋界与古北界过渡的地带性特征，与区系组成的特征基本一致。

5.3 重点保护爬行类

5.3.1 乌龟 *Mauremys reevesii*

别名：草龟、金龟。

分类：爬行纲（Reptilia）龟鳖目（Testudinata）地龟科（Geoemydidae）乌龟属（*Mauremys*）。

识别特征：雄性背甲长 94~168 mm，宽 63.2~105 mm；雌性背甲长 73.1~170 mm，宽 52~116.5 mm。背甲棕褐色，有 3 条纵棱，雄性几近黑色。头部橄榄色或黄褐色，头侧及咽喉部有暗色镶边的黄纹及黄斑，并向后延伸至颈部，雄性不明显。背甲及甲桥棕黄色，雄性色深。每一盾片均有黑褐色大斑块，有时腹甲几乎全被黑褐色斑块所占，仅在缝线处呈现棕黄色，四肢灰褐色。雄龟有异臭，雌龟无异臭。

分布情况：分布于亚洲。中国除东北、西北地区以及海南与西藏外，其他地区均有分布；河南全省分布，其中保护区（博爱段）东西侧水域有分布。

生物学特征：龟多栖于溪流、江河、湖泊、沼泽、池塘、稻田等地，营半水栖生活。雌龟在 4—8 月繁殖，可产卵 3~4 次，每次产卵 5~7 枚，环境温度会影响稚龟性别。乌龟主要取食蠕虫、螺类、虾及小鱼等动物，也取食植物茎叶等。

濒危状况及原因：野外种群被列入《国家重点保护野生动物名录》二级保护野生动物，被列为《中国生物多样性红色名录》濒危物种。在 20 世纪 70 年代以前，乌龟分布广泛且种群量大。目前，在自然条件下，野生乌龟很难见到，其根本原因在于环境恶化以及过多的人为捕杀，故应从栖息环境保护入手，实现对野生乌龟资源进行有效保护。

5.3.2 中华鳖 *Pelodiscus sinensis*

别名：甲鱼、团鱼、王八、元鱼。

分类：爬行纲（Reptilia）龟鳖目（Testudinata）鳖科（Trionychidae）鳖属（*Pelodiscus*）。

识别特征：通体被柔软的革质皮肤，无角质盾片。背盘卵圆形，吻端具肉质吻突，吻突长，呈管状，鼻孔位于吻端。腹部可有 7 个胼胝体。体背青灰色、黄橄榄色或橄榄色。腹部乳白色或灰白色，有灰黑色排列规则的斑块。幼体裙边有黑色具浅色镶边的圆斑，腹部有对称的淡灰色斑点。雌鳖的尾较短，不能自然伸出裙边，躯体较厚；雄鳖尾长，尾基粗，能自然伸出裙边，躯体较薄。四肢较扁。第五趾趾外侧缘膜发达，向上伸展至肘、膝部，形成一侧游离的肤褶。

分布情况：在国外分布于日本、朝鲜和越南等国家（地区）。在中国，除宁夏、新疆、青海及西藏未见报道外，鳖在我国其他地区均有分布，尤以江苏、安徽、湖北、湖南、江西、浙江及河南等地数量较大。在河南全省有分布，其中保护区（博爱段）东西侧水域有分布。

生物学特征：鳖栖于江河、湖沼、池塘、水库及大小山溪中，在安静、清洁、阳光充足的水岸边活动较频繁。喜晒太阳或乘凉风。捕食鱼、螺、虾、蟹、蛙及昆虫等，也食水草。每年10月至翌年3月潜于水底泥沙中冬眠，4—8月繁殖。产卵于岸边泥沙松软、背风向阳、有遮阴的地方，靠自然温度孵化，约需60天。

濒危状况及原因：被列为《中国生物多样性红色名录》濒危物种。长期的人类捕捉、栖息地破坏等，是造成野生鳖自然种群数量下降的主要原因。

5.3.3 王锦蛇 *Elaphe carinata*

别名：菜花蛇。

分类：爬行纲（Reptilia）有鳞目（Squamata）游蛇科（Colubridae）锦蛇属（*Elaphe*）。

识别特征：体粗大，头体背黑黄色相杂，头背面有似"王"字样的黑纹，故得名"王锦蛇"。背鳞除最外侧1~2行平滑之外，均强烈起棱。体背面鳞片色暗褐色，部分鳞沟色黑，形成宽约2枚鳞长的若干黑褐色横斑，横斑之间相距1~1.5枚鳞沟不黑的鳞片，故而整体呈深浅交替的横纹；但在体后段及尾背由于所有鳞沟色黑而形成黑色网。幼体的色斑与成体相差甚大。主要依据鳞被特征进行物种辨识，其中颊鳞1（2）；眶前鳞1，多有1枚较小的眶前下鳞，眶后鳞2枚为主；颞鳞2+3为主；上唇鳞8（3-2-3），少数9（4-2-3、2-3-4或3-2-4）。

分布情况：在国外分布于越南。在中国分布于安徽、北京、重庆、福建、甘肃、广东、广西、贵州、河南、湖北、湖南、江苏、江西、山东、山西、陕西、四川、台湾、天津、上海、云南、浙江；在河南广泛分布，其中保护区（博爱段）有分布。

生物学特征：常见于山地、丘陵地区的杂草荒地，平原地区亦有分布。属于无毒蛇，行动迅捷，性凶猛，能上树，常以蛙、鸟、蜥蜴、鼠等为食，亦取食爬行类或鸟类的卵等。卵生，每年7月前后产卵8~10枚，卵椭圆形。

濒危状况及原因：被列入《有重要生态、科学、社会价值的陆生野生动物名录》，被列为《中国生物多样性红色名录书》濒危物种。过度开发利用和栖息地质量衰退是王锦蛇野生数量下降的主要原因。

5.3.4 黑眉锦蛇 *Elaphe taeniura*

别名：家蛇、家长虫。

分类：爬行纲（Reptilia）有鳞目（Squamata）游蛇科（Colubridae）锦蛇属（*Elaphe*）。

识别特征：最突出的识别特征为其眼后有一黑色眉纹，故得名。体背黄绿色或灰棕色，体前中段有黑色梯状或蝶状斑纹，至后段逐渐不显，体中段以后有4条黑色纵纹直达尾的末端。背中央数行背鳞稍有起棱。腹面灰黄色或浅灰色，两侧黑色；上下唇鳞及下颌淡黄色。颊鳞1；眶前鳞1（或一侧为2），大多数另有1枚较小的眶前下鳞，眶后鳞2（3）枚；颞鳞2（1,3）+3（2~5）。

分布情况：在国外分布于朝鲜、越南、老挝、缅甸和印度。在中国分布于除西北、东北部分地区和内蒙古、山东等地的其他地区，以华中及西南地区分布较多；在河南全省都有分布，其中保护区（博爱段）内有分布且数量较多。

生物学特征：体型大，行动迅速，善攀爬，性较猛，受惊扰即竖起头颈作攻击之势；平原丘陵及山区均发现其活动，常在房屋及其附近栖居，故有"家蛇"之称。喜捕食蛙、鼠及鸟类，也能吞食鸡蛋、鸭蛋和小鸡。卵生，每年7—8月产卵2~17枚，卵长椭圆形，孵化期为67~72天。

濒危状况及原因：被列入《有重要生态、科学、社会价值的陆生野生动物名录》，被列为《中国生物多样性红色名录书》易危物种。过度开发利用和栖息地质量衰退是威胁黑眉锦蛇野生数量的主要因素。应广泛宣传，予以严格保护。

5.3.5 玉斑锦蛇 *Elaphe mandarina*

别名：玉带蛇。

分类：爬行纲（Reptilia）有鳞目（Squamata）游蛇科（Colubridae）锦蛇属（*Elaphe*）。

识别特征：体背灰色或紫灰色，背中央具一行镶黄边的黑色菱形大斑块，斑块中心亦呈黄色；头背黄色，有明显的黑斑；背鳞平滑；体两侧具有小的紫红色斑点；腹面灰白色，散布交互排列灰黑色斑。颊鳞1（个别一侧无）；眶前鳞1枚，眶后鳞2枚（个别两侧或一侧1或3枚）；颞鳞2（1）+3（2）枚；上唇鳞7（2-2-3），个别8（3-2-3或2-2-4）或6（2-1-3、1-2-3或2-2-2）。

分布情况：在国外分布于越南、缅甸。在中国分布于北京、天津、辽宁、上海、江苏、浙江、福建、湖北、湖南、广东、广西、安徽、河南、四川、贵州、云南、西藏、陕西、甘肃；在河南全省都有分布，其中保护区（博爱段）内有分布但极少。

生物学特征：玉斑锦蛇多生活于山区森林，亦见于居民点附近的水沟边或草丛中，以鼠类等小型哺乳动物为食，也食蜥蜴及其卵。卵生，每年6—7月产卵5~20枚，卵长椭圆形。

濒危状况及原因：被列入《有重要生态、科学、社会价值的陆生野生动物名录》，被列为《中国生物多样性红色名录书》易危物种。由于人类活动导致的栖息地衰退，在河南境内野生数量少，应予以严格保护。

5.3.6 乌梢蛇 *Ptyas dhumnades*

别名：乌风蛇、过山风、黑乌梢。

分类：爬行纲（Reptilia）有鳞目（Squamata）游蛇科（Colubridae）乌梢蛇属（*Ptyas*）。

识别特征：成体身体背面绿褐色或棕黑色，体侧前段具黑色纵纹，次成体体侧通身纵纹明显；幼体背部多呈灰绿色，有4条黑纹纵贯躯尾；背鳞中央2~4行起棱；头颈区别显著；瞳孔圆形。颊鳞1；眶前鳞2枚，眶后鳞2（3）枚；颞鳞2+2枚，或前后颞鳞各有1枚者；上唇以8（3-2-3式）为主。

分布情况：在国内分布于上海、江苏、浙江、安徽、福建、台湾、河南、湖北、湖南（宜章）、广东、广西、四川、贵州、云南、陕西、甘肃。在河南全省广泛分布，其中保护区（博爱段）内有分布但极少。

生物学特征：乌梢蛇主要栖息于平原、丘陵地带，在海拔1570 m的高原地区也有分布。每年的5—10月，常见其在耕地或河溪边活动，行为迅速敏捷。昼间活动，主食蛙类、小鱼、蜥蜴及鼠类等。卵生，每年5—7月产卵13~17枚。

濒危状况及原因：被列入《有重要生态、科学、社会价值的陆生野生动物名录》，被列为《中国生物多样性红色名录书》易危物种。过度利用和栖息地质量衰退是威胁乌梢蛇野生数量的主要因素。应予严格保护。

5.4 爬行类的保护

从生态系统结构与功能完整性来说，动物保护的关键在于保护其栖息地。河南太行山猕猴国家级自然保护区（博爱段）内爬行类物种的多样性与丰富度偏低，主要受限于该地区植被较单调、降水量较少等因素，而人类活动干扰可能也有重要影响。建议今后应加强爬行类物种多样性方面调查，深入掌握该地区爬行类资源现状与动态。

主要参考文献

黄松, 2021. 中国蛇类图鉴 [M]. 福州: 海峡书局.

季达明, 温世生, 2002. 中国爬行动物图鉴 [M]. 郑州: 河南科学技术出版社.

瞿文元, 1985. 河南蛇类及其地理分布 [J]. 河南大学学报, (3): 59-61

瞿文元, 路纪琪, 陈晓虹, 等, 2002. 河南省爬行动物地理区划研究 [J]. 四川动物, 21 (3): 142-144.

宋朝枢, 瞿文元, 1996. 太行山猕猴自然保护区科学考察集 [M]. 北京: 中国林业出版社.

史海涛, 2013. 中国贸易龟类检索图鉴（修订版）. 北京: 中国大百科全书出版社.

王跃招, 2021. 中国生物多样性红色名录 脊椎动物 第三卷 爬行动物 [M]. 北京: 科学出版社.

叶永忠, 路纪琪, 赵利新, 2015. 河南太行山猕猴国家级自然保护区（焦作段）科学考察集 [M]. 郑州: 河南科学技术出版社.

张荣祖, 2011. 中国动物地理 [M]. 北京: 科学出版社.

赵海鹏, 侯勉, 王春平, 等, 2015. 河南省爬行动物多样性及区系分析 [J]. 野生动物学报, 39 (4): 877-886.

赵尔宓, 2006. 中国蛇类 [M]. 合肥: 安徽科学技术出版社.

周家兴, 单元勋, 1961. 河南省两栖动物和爬行动物目录包括新纪录21种 [J]. 河南师范大学学报（自然科学版）(2): 38-44.

第 6 章

两栖类

经过实地调查，参考相关文献资料（周家兴和单元勋，1961；吴淑辉和瞿文元，1984；瞿文元 等，1995；宋朝枢和瞿文元，1996；瞿文元 等，1998；叶永忠 等，2015；赵海鹏 等，2015），结合走访保护区工作人员等，梳理出河南太行山猕猴国家级自然保护区（博爱段）有两栖类 2 目 5 科 7 属 9 种。另外，根据《中国两栖动物图鉴》（费梁，2020）、《中国生物多样性红色名录：脊椎动物 第四卷 两栖动物》（江建平和谢锋，2021）、"中国两栖类"信息系统（http://www.amphibiachina.org/）及相关文献资料，对原有种类的学名、分类阶元等做了厘定和补充。

6.1 两栖类物种名录

调查显示，河南太行山猕猴国家级自然保护区（博爱段）两栖类包括有尾目 1 科 1 属 1 种和无尾目 4 科 6 属 8 种（表 6-1），其中包括国家二级重点保护野生动物大鲵（*Andrias davidianus*）和"三有"保护动物中华蟾蜍（*Bufo gargarizans*）、花背蟾蜍（*Strauchbufo raddei*）。

表 6–1　河南太行山猕猴国家级自然保护区（博爱段）两栖类物种名录

分类阶元	区系	分布型	生态型	保护级别	濒危等级
一、有尾目 Caupata					
（一）隐鳃鲵科 Cryptobranchidae					
1. 大鲵 *Andrias davidianus*	W	E	▲	II	CR
二、无尾目 Anura					
（二）蟾蜍科 Bufonidae					
2. 中华蟾蜍 *Bufo gargarizans*	W	E	□	三有	LC
3. 花背蟾蜍 *Strauchbufo raddei*	P	X	□	三有	LC
（三）蛙科 Ranidae					
4. 中国林蛙 *Rana chensinensi*	W	X	■		VU
5. 黑斑侧褶蛙 *Palophylax nigromaculata*	W	E	△		NT
6. 金线侧褶蛙 *Palophylax plancyi*	W	E	△		LC
（四）叉舌蛙科 Dicroglossidae					
7. 泽陆蛙 *Fejervarya multistriata*	W	W	■		LC
8. 太行隆肛蛙 *Feriirana taihangnicus*	O	S	▲		LC

续表

分类阶元	区系	分布型	生态型	保护级别	濒危等级
（五）姬蛙科 Microhylidae					
9. 北方狭口蛙 *Kaloula borealis*	P	B	□		LC

注：P 指古北种，W 指广布种，O 指东洋种；分布型中 X 指东北华北型，B 指华北型，S 指南中国型，W 指东洋型，E 指季风型，U 指古北型；生态型中 ■ 指陆栖型之林栖静水繁殖型，□ 指陆栖型之穴栖静水繁殖型，▲ 指水栖型之溪流型，△ 指水栖型之静水型；保护级别中 I、Ⅱ 分别为被列入《国家重点保护野生动物名录》的一、二级重点保护野生动物；"三有"指被列入《有重要生态、科学、社会价值的陆生野生动物名录》；濒危等级依据《中国生物多样性红色名录》中 EN 指濒危，VU 指易危，LC 指无危。

6.2 区系、分布型与生态型分析

依据《中国动物地理》（张荣祖，2011）的相关原则，对保护区（博爱段）两栖类动物进行区系分析。结果表明，保护区（博爱段）的两栖类动物中，有广布种 6 种（66.7%），古北界种 2 种（22.2%），东洋界种 1 种（11.1%），以广布种最多，体现出东洋界古北界过渡的地带性特征。两栖动物活动能力较弱，易被自然和人为因素阻碍而扩散困难，可能是该地区物种多样性相对较低的原因。

依据《中国动物地理》（张荣祖，2011），对保护区（博爱段）内两栖类分布型分析表明，季风型物种有 4 种（44.4%），东北—华北型物种有 3 种（33.3%），南中国型及东洋型物种有 2 种（22.2%）。该地区内季风型和东北—华北型等物种占优势，其中大鲵在我国季风区广泛分布，中华蟾蜍和黑斑侧褶蛙几乎遍布我国季风地区中亚热带至寒温带，中华蟾蜍还见于乌苏里和朝鲜，均属于分布比较广泛的种类；南中国型及东洋型等物种在保护区（博爱段）所占比例较小。保护区（博爱段）内两栖动物分布型特点与区系成分组成特征基本一致。

6.3 重点保护两栖类

6.3.1 大鲵 *Andrias davidianus*

别名：娃娃鱼。

分类：两栖纲（Amphibia）有尾目（Caupata）隐鳃鲵科（Cryptobranchidae）大鲵属（*Andrias*）。

识别特征：体大而扁平；体长一般可达 1~2 m，尾长约为头体长的 52%~57%，体重可达 10 kg；头扁平而宽阔，头长略大于头宽；眼小，位于头背面，无眼睑；躯干粗壮扁平，颈褶明显，体侧有宽厚的纵行肤褶和圆形疣粒，肋沟12~15条，有的个体不甚明显。尾高，基部宽厚，向后逐渐侧扁。四肢粗短，后缘均有皮肤褶，前肢4趾，后肢5趾，趾有缘膜，基部具蹼迹。体表光滑湿润。体色以浅褐色、棕褐色为主，也可见到黑褐色者，另有暗黑、红棕、黄土、灰褐和浅棕等颜色变异。体背有不规则的黑色或深褐色的多种斑纹，腹面色浅。

分布情况：在国内分布于河南、陕西、山西、甘肃、青海、四川、重庆、云南、贵州、湖北、湖南、江西、江苏、浙江、福建、广东和广西等地；在河南省的大别山区、伏牛山区和太行山区均有分布，其中保护区（博爱段）东西侧区域有分布。

生物学特征：多栖于山区水流较急、水质清澈、水温低、多深潭的溪流上游。白天常隐居于洞穴内，夜间外出捕食，多以虾、蟹等无脊椎动物为食，也捕食水栖小型脊椎动物，如鱼、蝌蚪、蛙、蛇以及水鸟。秋季为繁殖盛期。雌鲵产卵袋1对，呈念珠状，长达数十米；弓卵300~1500粒。饲养条件下可存活55年。中国特有种，在两栖动物中个体最大。

濒危状况及原因：野外种群被列入《国家重点保护野生动物名录》二级保护，被列为《中国生物多样性红色名录》濒危物种。保护区（博爱段）及周边山区大鲵数量现已极少，主要原因在于过度利用与栖息地退化等，应严格保护。

6.3.2 黑斑侧褶蛙 *Pelophylax nigromaculatus*

别名：青蛙、田鸡、黑斑蛙。

分类：两栖纲（Amphibia）无尾目（Anura）蛙科（Ranidae）侧褶蛙属（*Palophylax*）。

识别特征：雄蛙体长49~70 mm，雌蛙体长35~90 mm。头长大于头宽；鼓膜大而明显，为眼径的2/3~4/5。前肢短，后肢长而肥硕，跳跃能力很强。皮肤背面有1对背侧褶，背侧褶间有多行长短不一的肤褶。身体背面为绿色或棕褐色，有许多大小不一、形状不规则的黑斑纹，腹面乳白色无斑。雄蛙有一对颈侧外声囊。

分布情况：在国外分布于俄罗斯、日本和朝鲜半岛；在国内除新疆、西藏、青海、台湾和海南外，全国广布；在河南全省广泛分布，其中保护区（博爱段）水域及周围有分布。

生物学特征：多栖息于平原、丘陵和山地，常见于池塘、稻田、湖泊、水库、水沟、沼泽等静水和溪沟、小河等各种流水环境。保护区内池塘周边种群量明显多于溪流沿岸。4月初开始繁殖，可持续至6月底。卵群团状，每团3000~5000粒。雌蛙的产卵量与个体大小没有明显的相关性，个体间差异很大，少则数千粒，多者上万枚。

濒危状况及原因：被列入《有重要生态、科学、社会价值的陆生野生动物名录》。该蛙为我国常见种类，繁殖快、产卵量大，但近年来种群数量下降严重，应与滥捕、滥施农药和水污染等现象有关。滥捕成体尤其繁殖期个体直接导致种群数量无法得到有效补充，而滥施农药和水污染则会降低卵的孵化率以及孵化后的幼体成活率。

6.3.3 中华蟾蜍 *Bufo gargarizans*

别名：癞蛤蟆、癞疙瘩、癞肚子。

分类：两栖纲（Amphibia）无尾目（Anura）蟾蜍科（Bufonidae）蟾蜍属（*Bufo*）。

识别特征：雄蟾体长 79~106 mm，雌蟾体长 98~121 mm；头宽大于头长；头部无骨质棱脊；鼓膜显著近圆形；上颌无齿，无犁骨齿。皮肤极粗糙；身体背面布满大小不等的圆形疣粒；耳后腺呈长椭圆形；腿粗短，不善跳跃，行动缓慢；体色因所处环境不同而变异较大，多为黑绿色、黄褐色或黑褐色，有的体侧具浅色花斑，腹部具明显的黑色斑纹；雄蟾无声囊，内侧 3 指具黑色婚刺。

分布情况：在国外可见于俄罗斯和朝鲜；在国内广泛分布于除宁夏、云南、青海、新疆、西藏和海南外的地区；河南分布有中华蟾蜍指名亚种（*Bufo gargarizans gargarizans*），其中保护区（博爱段）全域有分布，数量可观。

生物学特征：中华蟾蜍适应能力极强，多生活在池塘、水沟、河岸、耕地、田埂及住宅附近，栖息于阴湿的草丛、土洞、砖石下，黄昏或傍晚外出觅食。2 月底或 3 月初出蛰后即开始繁殖，有集群繁殖的习性，卵呈双行或 3~4 行交错排列于管状胶质卵带内，缠绕附着在水草上。

濒危状况及原因：被列入《有重要生态、科学、社会价值的陆生野生动物名录》。中华蟾蜍在我国各地资源量都很丰富，是防治害虫的天敌之一，也是传统中药蟾酥的药源。极端天气、人类活动干扰等因素可能影响中华蟾蜍的生存和繁衍。

6.4 两栖动物的保护

河南太行山猕猴国家级自然保护区（博爱段）中现生的两栖类物种主要分布于东西两侧河流、水库及周边区域，其中中华蟾蜍在保护区较为常见，其次为泽陆蛙，而大鲵可能由于受人为活动干扰现已难在野外觅其踪迹。该地区除受地形地势、植被、降水等限制之外，人类活动（如旅游活动、道路建设等）及其所伴随的干扰可能亦对两栖动物的物种多样性产生影响。今后应关注两栖动物的物种多样性以及种群动态变化情况。

主要参考文献

费梁, 2020. 中国两栖动物图鉴（野外版）[M]. 郑州：河南科学技术出版社.

江建平, 谢锋, 2021. 中国生物多样性红色名录 脊椎动物 第四卷 两栖动物 [M]. 北京：科学出版社.

瞿文元, 路纪琪, 李建军, 等, 1998. 河南省两栖爬行动物多样性与保护 [J]. 四川动物, 17 (2)：81-83.

瞿文元, 吕九泉, 张苏莉, 1995. 河南省两栖动物区系与地理区划 [J]. 四川动物, （增刊）：107-110.

吴淑辉, 瞿文元, 1984. 河南两栖动物区系初步研究 [J]. 河南师范大学学报（自然科学版）(1)：89-93.

张荣祖, 2011. 中国动物地理 [M]. 北京：科学出版社.

赵海鹏, 王庆合, 王春平, 等, 2015. 河南两栖动物资源现状与区系分析 [J]. 河南师范大学学报（自然科学版）, 45 (6)：705-711.

叶永忠, 路纪琪, 赵利新, 2015. 河南太行山猕猴国家级自然保护区（焦作段）科学考察集 [M]. 郑州：河南科学技术出版社.

周家兴, 单元勋, 1961. 河南省两栖动物和爬行动物目录（包括新纪录21种）[J]. 河南师范大学学报（自然科学版）(2)：38-44.

第 7 章

鱼 类

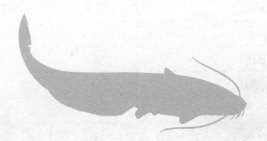

河南太行山猕猴国家级自然保护区（博爱段）东西两侧分别有青天河和群英河，中间区域水域、河流较匮乏。参照《博爱县鱼类资源调查》（汪曦 等，2018）、《河南太行山猕猴国家级自然保护区（焦作段）科学考察集》（叶永忠 等，2015），结合《中国生物多样性红色名录 脊椎动物 第五卷 淡水鱼类》（张鹗和曹文宣，2021）、《中文鱼类数据库》（Lu et al., 2023）、生物物种名录（https://www.catalogueoflife.org/），整理了该地区鱼类物种多样性，计有鱼类 5 目 10 科 21 种。

7.1 鱼类物种名录

河南太行山猕猴国家级自然保护区（博爱段）鱼类计有 5 目 10 科 21 种（表 7–1）。依据新近系统分类，该地区鱼类以鲤形目占主导（15 种），占总种数的 71.4%，虾虎鱼目和鲇形目均为 2 种，均占总种数的 9.5%，合鳃目和攀鲈目各 1 种，均占总种数的 4.7%。

表 7–1　河南太行山猕猴国家级自然保护区（博爱段）鱼类物种名录

分类阶元	区系	食性	生态类型
一、鲤形目 Cypriniformes			
（一）鲴科 Xenocyprididae			
1. 草鱼 *Ctenopharyngodon idella*	A	③	□
2. 宽鳍鱲 *Zacco platypus*	A	②	△
3. 拉氏鲹 *Rhynchocypris lagowskii*	D	②	△
4. 鲢 *Hypophthalmichthys molitrix*	A	②	□
5. 马口鱼 *Opsariichthys bidens*	A	①	△
6. 鳙 *Hypophthalmichthys nobilis*	A	②	□
（二）鮈科 Gobionidae			
7. 棒花鱼 *Abbottina rivularis*	A	②	▲
8. 多纹颌须鮈 *Gnathopogon polytaenia*	A	①	△
9. 黑鳍鳈 *Sarcocheilichthys nigripinnis*	A	①	△
10. 花䱻 *Hemibarbus maculatus*	A	①	△
11. 麦穗鱼 *Pseudorasbora parva*	B	②	▲
（三）鳑鲏科 Acheilognathidae			
12. 中华鳑鲏 *Rhodeus sinensis*	C	③	▲

续表

分类阶元	区系	食性	生态类型
（四）鲤科 Cyprinidae			
13. 鲤 *Cyprinus carpio*	C	②	▲
14. 鲫 *Carassius auratus*	C	②	▲
（五）花鳅科 Cobitidae			
15. 泥鳅 *Misgurnus anguillicaudatus*	C	④	▲
二、鲇形目 Siluriformes			
（六）鲿科 Bagridae			
16. 黄颡鱼 *Tachysurus fulvidraco*	E	①	▲
（七）鲇科 Silurus			
17. 鲇 *Silurus asotus*	C	①	▲
三、合鳃目 Symbranchiformes			
（八）合鳃科 Symbranchidae			
18. 黄鳝 *Monopterus albus*	E	①	▲
四、虾虎鱼目 Gobiiformes			
（九）虾虎鱼科 Gobiidae			
19. 褐吻鰕虎 *Rhinogobius brunneus*	E	①	△
20. 波氏吻鰕虎 *Rhinogobius cliffordpopei*	E	①	△
五、攀鲈目 Anabantiformes			
（十）鳢科 Channidae			
21. 乌鳢 *Channa argus*	E	①	▲

注：区系中 A 指中国平原区系复合体，B 指北方平原区系复合体，C 指晚第三纪早期区系复合体，D 指北方山地区系复合体，E 指南方平原区系复合体；食性中①指动物性食物为主，②指杂食性，③指植物性食物为主，④指碎屑食性；生态类型中△指溪流定居型，▲指静水定居型，□指半洄游型。

7.2 区系与生态型分析

参照《鱼类动物区系复合体学说及其评价》（史为良，1985）对河南太行山猕猴国家级自然保护区（博爱段）鱼类的区系进行分析。结果表明，该地区鱼类包括中国平原区系复合体（A）9种（42.8%），晚第三纪早期区系复合体（C）和南方平原区系复合体（E）各5种（各占23.8%），北方平原区系复合体（B）、北方山地区系复合体（D）各1种（各占4.8%）。中国平原区系复合体是该地区鱼类区系最大类群，与处于黄河流域的地理位置相符，并与李思忠（1981）"河南属华东区河海亚区，鱼类以江河平原鱼类为主体、第三纪早期鱼类次之"的观点相符。

依据《太湖鱼类志》（倪勇和朱成德，2005）对河南太行山猕猴国家级自然保护区（博爱段）鱼类生态类型进行划分（表7-1），进一步研究可知：静水定居型（▲）鱼类包括10种，此类鱼喜栖于水库及溪流岸边的相对平缓处，这些场所有机质、浮游生物或底栖生物的种类、数量多，饵料丰富，食物链相对稳定；溪流定居型（△）鱼类包括8种，此类鱼或体侧扁修长，或具特殊吸附器官，或下颌具角质以适应刮食，这些特征使得此类鱼适应山间溪流冲刷力强、底部多砾石的环境；半洄游型（□）鱼类包括3种，此类鱼对水位变动敏感，水位升高时从湖泊进入江河产卵，幼鱼和产过卵的亲鱼入湖泊育肥，产漂浮性卵，产卵时要求水流湍急，形成"泡漩水"，即鱼卵的受精和孵化对水流流速有一定要求，静水中无法完成繁殖。静水定居型鱼类所占比例较高，和该地区内溪流多季节性断流、多坝堰、静水水体多的实际情况吻合。

7.3 重要经济鱼类

7.3.1 泥鳅 *Misgurnus anguillicaudatus*

别名：泥狗子。

分类：鲤形目（Cypriniformes）花鳅科（Cobitidae）泥鳅属（*Misgurnus*）。

识别特征：背鳍条Ⅱ，7~8个；臀鳍条Ⅱ，5个。侧线鳞150个左右，因其鳞小而常被误认为无鳞，鳞埋于皮下。身体长圆筒形，尾部侧扁，腹部圆，肛门紧挨臀鳍前部，鳞很小，侧线完全，口亚下位，马蹄形。口部有小须5对，最长口须后伸可达或稍超过眼后缘。无眼下刺。尾柄上皮褶棱低，与尾鳍相连。尾柄长大于尾柄高。尾鳍圆形。肛门靠近臀鳍。体背部及两侧具变异较大的斑纹或斑点，背鳍和尾鳍膜上的斑点排列成行，尾柄基部有一明显的黑斑。

分布情况：在国外分布于俄罗斯、朝鲜半岛、日本、越南、欧洲、北美和澳大利亚等地。在中国分布于辽河以南至澜沧江以北、台湾岛、海南岛；在河南全省广泛分布，其中保护区（博爱段）水域有分布。

生物学特征：小型底层鱼类，生活在淤泥底的静止或缓流水体内，适应性较强,可在含腐殖质丰富的环境内生活。水缺氧时可进行肠呼吸;水体干涸后,可钻入泥中潜伏。以各类小型动植物为食。分批产卵,繁殖期主要在5—6月。受精卵具黏性,黏附于水草孵化。

7.3.2 黄颡鱼 Tachysurus fulvidraco

别名:革牙、黄腊丁、黄骨鱼。

分类:鲇形目(Siluriformes)鲿科(Bagridae)黄颡鱼属(*Tachysurus*)。

识别特征:背鳍条Ⅱ,7个;臀鳍条20个;鳃耙14~16个。体长,无鳞,后半部左右侧扁,头前方平扁,吻钝圆略突起,头背侧中央有浅纵沟,达于枕骨突基部,口下位,口裂大,呈弧形,上下颌均具绒毛状细齿。眼小,须4对。背鳍和胸鳍均具发达的硬刺,硬刺尖带有毒性,活动时刺能发声。体青黄色,大多数种具不规则的褐色斑纹;各鳍灰黑带黄色。

分布情况:在国外分布于老挝、越南、俄罗斯。国内的珠江、闽江、湘江、长江、黄河、海河、松花江及黑龙江等水系均有分布;在河南全省广泛分布,其中保护区(博爱段)水域有分布。

生物学特征:黄颡鱼喜在静水或江河缓流中活动,营底栖生活。黄颡鱼是杂食性偏肉食性鱼类,取食小鱼、虾、昆虫、小型软体动物等。黄颡鱼生长速度较慢,2~4冬龄达性成熟,一般在4—6月产卵。

7.3.3 鲇 Silurus asotus

别名:胡子鲶、鲶鱼。

分类:鲇形目(Siluriformes)鲇科(Siluridae)鲇属(*Silurus*)。

识别特征:背鳍条4个;臀鳍条67~85个;鳃耙10~11个。该鱼体长,后部侧扁。头平扁。口大,口裂末端止于眼前缘的下方。下颌突出,上下颌具细齿,细尖绒毛状。成鱼须2对,1对颌须后伸可达胸鳍末端。胸鳍刺前缘锯齿明显。臀鳍基部甚长,鳍条数目多,后端连于尾鳍。尾鳍小,微内凹,上下叶等长。

分布情况:在国外见于日本、朝鲜半岛和俄罗斯。在国内除青藏高原及新疆外,遍布全国其他水系;在河南全省广泛分布,其中保护区(博爱段)水域有分布。

生物学特征:栖息于水体中下层,尤喜在缓流和静水中生活。性不活跃,白天隐居于水草丛或洞穴中,黄昏和夜间外出觅食。凶猛肉食性鱼类,成鱼主要捕食小型鱼虾,幼鱼以浮游动物、软体动物、水生昆虫幼虫和虾等为食。鲇一般在2冬龄达性成熟，产卵期为 4—8 月。

7.3.4 黄鳝 Monopterus albus

别名：鳝鱼、黑鳝。

分类：合鳃鱼目（Symbranchiformes）合鳃科（Symbranchidae）黄鳝属（*Monopterus*）。

识别特征：该鱼身体细长呈蛇形，前段粗，尾短而尖。体光滑无鳞。口较大，端位。上颌稍突出，唇发达，上下颌及口盖骨都具细齿。眼小，为皮膜所覆盖。左右鳃孔于腹面合而为一，呈"V"字形。无胸鳍和腹鳍，背鳍和臀鳍退化，呈皮褶状。

分布情况：在国外见于日本、缅甸、马来西亚等。在国内除青藏高原、西北等地区外，其他水系的平原或浅山区均有自然分布；在河南全省广泛分布，其中保护区（博爱段）水域有分布。

生物学特征：营底栖生活，适应能力强，在河道、湖泊、沟渠及稻田中都能生存。喜在多腐殖质淤泥中钻洞或在堤岸有水的石隙中穴居。白天很少活动，夜间出穴觅食。鳃不发达，而借助口腔及喉腔的内壁表皮作为呼吸的辅助器官，能直接呼吸空气。黄鳝是以各种小动物为食的杂食性鱼类，性贪。黄鳝生殖季节在 6—8 月，在其个体发育中，具有性逆转的特性，即雌性个体经过第一次产卵后，其卵巢将逐渐变为精巢而使其变为雄性。

7.3.5 鳙 Hypophthalmichthys nobilis

别名：花鲢、鲢胖头、黑鲢。

分类：鲤形目（Cypriniformes）鲴科（Xenocyprididae）鲢属（*Hypophthalmichthys*）。

识别特征：背鳍条Ⅲ，7 个；臀鳍条Ⅲ，12~13 个。背部及体侧的上半部为灰黑色，腹部银白色，体侧有许多不规则的黑色斑点，各鳍灰白色，并有许多黑斑点。侧线鳞 97（20~23）/（13~16）112。体长为体高的 3.1~3.5 倍，为头长的 3.0~3.4 倍。头长为吻长的 3.3~3.6 倍，为眼径的 6.8~7.4 倍，为眼间距的 1.8~2.5 倍。体侧扁，腹部在腹鳍基部之前较圆。头大，头长大于体高，前部很宽。吻钝宽。口端位，口裂向上倾斜。下颌稍突出。眼小，位于头侧的中轴之下，眼间距宽。鳃耙数目很多，呈页状，排列紧密但不连合。

分布情况：原产中国，被引入到世界很多地方。在中国分布于中东部海河至珠江间及海南岛江河、湖泊；在河南全省的水库、湖泊、池塘等水体分布，其中保护区（博爱段）水域有分布。

生物学特征：栖息于水的上层，行动较迟缓。成鱼以浮游动物为主食，辅以浮游植物。性成熟约为 5 龄，繁殖期为 5—6 月。

7.3.6 草鱼 Ctenopharyngodon idella

别名：混子、草鲩。

分类：鲤形目（Cypriniformes）鲴科（Xenocyprididae）草鱼属（*Ctenopharyngodon*）。

识别特征：背鳍条Ⅲ，7 个；臀鳍条Ⅲ，8 个。身体略呈黄绿色，背部茶褐色，腹部灰白。侧线鳞 38（6~7）/（4~6）42。鳃耙 12~18 个。体长为体高的 3.3~3.8 倍，为头长的 3.9~4.3 倍。头长为吻长的 3.3~3.8 倍，为眼径的 5.8~7.2 倍，为眼间距的 1.7~1.9 倍，为尾柄长的 1.5~1.9 倍，为尾柄高的 1.7~2.1 倍。体长，躯干部略呈圆筒形，尾部稍侧扁，腹部圆而无棱。头中等大，眼前部稍平扁。口端位，半月形，上颌稍突出于下颌，向后伸之后鼻孔的下方。吻略钝。眼位于头侧稍下方。鳃耙短小，棒状，排列稀疏。下咽齿侧扁，具沟纹，呈梳状。鳞中等大，侧线完全。肛门靠近臀鳍。背鳍起点与腹鳍起点相对，距尾鳍基较距吻端稍近。胸鳍不达腹鳍。腹鳍短，不达肛门。尾鳍叉形。腹膜灰黑色。

分布情况：在国外分布于俄罗斯阿穆尔河流域，被广泛引入世界很多地方。在中国分布广泛；在河南省的水库、湖泊、池塘等水体分布，其中河南太行山猕猴国家级自然保护区（博爱段）水域有分布。

生物学特征：栖息于水的中下层，有时也在上层活动，性活泼，游速快。通常以水草和被淹没的高等植物为食，其中以禾本科植物较多。性成熟为 3~4 龄，繁殖期为 4—6 月。生长迅速，体长增长最快时期为 1~2 龄，体重增长则以 2~3 龄最为迅速。

7.4 鱼类的保护

水利工程（如修建水库）和涉水旅游开发（如漂流）等，可导致河段间歇性断流，影响鱼类尤其溪流性鱼类的栖息和繁衍，建议管理部门采取开辟洄游通道等措施使水流保持流畅。开展水库维护与清淤等活动时，应在合适区域保持一定水量，使之成为本土鱼类的庇护所，避免发生彻底清空水库的现象。此外，应关注过度捕捞问题以及非本土鱼类入侵问题。

主要参考文献

李思忠,1981.中国淡水鱼类的分布区划[M].北京:科学出版社.

倪勇,朱成德,2005.太湖鱼类志[M].上海:上海科学技术出版社.

史为良,1985.鱼类动物区系复合体学说及其评价[J].水产科学(2):42-45.

汪曦,周传江,顾钱宏,等,2018.博爱县鱼类资源调查[J].河南水产(2):32-35.

新乡师范学院生物系鱼类志编写组,1984.河南鱼类志[M].郑州:河南科学技术出版社.

叶永忠,路纪琪,赵利新,2015.河南太行山猕猴国家级自然保护区(焦作段)科学考察集[M].郑州:河南科学技术出版社.

张鹗,曹文宣,2021.中国生物多样性红色名录 脊椎动物 第五卷 淡水鱼类[M].北京:科学出版社.

张觉民,何志辉,1993.内陆水域渔业自然资源调查手册[M].北京:中国农业出版社.

LU Y R, FANG C C, HE S P, 2023. Cnfishbase: A cyber Chinese fish database [J]. Zoological Research, 44 (5): 950-953.

第 8 章

无脊椎动物

基于本次调查，结合文献资料（许人和 等，1994；宋朝枢和瞿文元，1996；申效诚和赵永谦，2002；Chen et al.，2010；叶永忠 等，2015；张传敏，2022），对河南太行山猕猴国家级自然保护区（博爱段）的无脊椎动物进行了整理，共调查到该地区无脊椎动物有扁形动物门、线虫动物门、线形动物门、环节动物门、节肢动物门和软体动物门 6 个门类，其中以节肢动物门中的昆虫纲占绝对优势。

8.1　昆虫纲物种名录

基于本次实地调查，结合文献资料，该地区昆虫纲计 21 目 178 科 816 种，占河南省已知昆虫种类的 8.7%。其中，本次调查发现未被《河南太行山猕猴国家级自然保护区（焦作段）科学考察集》（叶永忠 等，2015）记录的昆虫有 56 种，包括大鳖土蝽（*Adrisa magna*）、金绿宽盾蝽（*Poecilocoris lewisi*）、宽带鹿花金龟（*Dicronocephalus adamsi*）、扁锹甲（*Dorcus titanus platymelus*）、褐黄前锹甲（*Prosopocoilus astacoides blanchardi*）、斑纹角石蛾（*Stenpsyche marmorata*）、褐边绿刺蛾（*Parasa consocia*）、旱柳原野螟（*Proteuclasta stotzneri*）、白蜡绢须野螟（*Palpita nigropunctali*）、黄褐箩纹蛾（*Brahmaea certhia*）、萝藦艳青尺蛾（*Agathia carissima*）、小豆长喙天蛾（*Macroglossum stellatarum*）、盾天蛾（*Phyllosphingia dissimilis*）、广鹿蛾（*Amata formosae*）、梨娜刺蛾（*Narosoideus flavidorsalis*）、桑褐刺蛾（*Setora postornata*）、马尾松毛虫（*Dendrolimus punctatus*）、落叶松毛虫（*Dendrolimus superans*）、绿尾大蚕蛾（*Actias ningpoana*）、黄星尺蛾（*Arichanna melanaria fraterna*）、双云尺蛾（*Biston regalis*）、丝棉木金星尺蛾（*Calospilos suspecta*）、钩线青尺蛾（*Geometra dieckmanni*）、尘尺蛾（*Hypomecis punctinalis*）、核桃四星尺蛾（*Ophthalmitis albosignaria*）、雪尾尺蛾（*Ourapteryx nivea*）、柿星尺蛾（*Percnia giraffata*）、苹烟尺蛾（*Phthonosema tendinosaria*）、猫眼尺蛾（*Problepsis superans*）、槐尺蛾（*Semiothisa cinerearia*）、黄脉天蛾（*Amorpha amurensis*）、洋槐天蛾（*Clanis deucalion*）、红天蛾（*Deilephila elpenor*）、绒星天蛾（*Dolbina tancrei*）、枣桃六点天蛾（*Marumba gaschkewitschi*）、栗六点天蛾（*Marumba sperchius*）、构月天蛾（*Parum colligata*）、霜天蛾（*Psilogramma menephron*）、蒙古白肩天蛾（*Rhagastis mongoliana*）、曲线蓝目天蛾（*Smeritus litulinea*）、蓝目天蛾（*Smeritus planus*）、锯齿星舟蛾（*Euhampsonia serratifera*）、弯臂冠舟蛾（*Lophocosma nigrilinea*）、沙舟蛾（*Shaka atrovittatus*）、点浑黄灯蛾（*Rhyparioides metelkana*）、星白雪灯蛾（*Spilosoma menthastri*）、松美苔蛾（*Miltochrista defecta*）、之美苔蛾（*Miltochrista ziczac*）、畸夜蛾（*Borsippa quadrilineata*）、

短栉夜蛾（*Brevipecten captata*）、客来夜蛾（*Chrysorithrum amata*）、枯艳叶夜蛾（*Eudocima tyrannus*）、太白胖夜蛾（*Orthogonia tapaishana*）、陌夜蛾（*Trachea atriplicis*）、短腹管蚜蝇（*Eristalis arbustorum*）和长尾管蚜蝇（*Eristalis tenax*）。

依据《昆虫分类学（修订版）》（蔡邦华，2015）对该地区昆虫分类进行了梳理，主要类群包括17目171科816种。

一、衣鱼目 Zygentoma

（一）衣鱼科 Lepismatidae

1. 多毛栉衣鱼 *Ctenolepisma villosum*（Fabricius，1775）[①]

二、蜻蜓目 Odonata

（二）扇蟌科 Platycnemididae

2. 白扇蟌 *Platycnemis foliacea* Selys，1886

（三）蜻科 Libellulidae

3. 红蜻 *Crocothemis servilia*（Drury，1773）

4. 白尾灰蜻 *Orthetrum albistylum speciosum*（Uhler，1858）

5. 黄蜻 *Pantala flavesens*（Fabricius，1798）

6. 玉带蜻 *Pseudothemis zonata*（Burmeister，1839）

三、蜚蠊目 Blattodea

（四）鳖蠊科 Corydiidae

7. 冀地鳖 *Polyphaga plancyi* Bolívar，1883

（五）蜚蠊科 Blattidae

8. 美洲大蠊 *Periplaneta americana*（Linnaeus，1758）

（六）鼻白蚁科 Rhinotermitidae

9. 黑胸散白蚁 *Reticulitermes chinensis* Snyder，1923

四、螳螂目 Mantodea

（七）螳螂科 Mantidae

10. 薄翅螳螂 *Mantis religiosa*（Linnaeus，1758）

11. 棕污斑螳螂 *Statilia maculata* Thunberg，1784

12. 狭翅大刀螳螂 *Tenodera anguscipennis* Saussure，1869

13. 中华大刀螳螂 *Tenodera sinensis* Saussure，1871

14. 广斧螳螂 *Hierodula patellifera* Serville，1839

[①] 学名中加括号表示物种名称发生过变化，不加括号指物种名称未发生变化。

五、直翅目 Orthoptera

（八）蝗科 Acrididae

15. 中华剑角蝗 *Acrida cinerea*（Thunberg，1815）

16. 笨蝗 *Haplotropis brunneriana* Saussure，1888

17. 短额负蝗 *Atractomorpha sinensis* Bolívar，1905

18. 短星翅蝗 *Calliptamus abbreviatus* Ikonnikov，1913

19. 红褐斑腿蝗 *Catantops pinguis*（Stål，1860）

20. 棉蝗 *Chondracris rosea*（de Geer，1773）

21. 中华稻蝗 *Oxya chinensis*（Thunberg，1815）

22. 日本黄脊蝗 *Patanga japonica*（Bolívar，1898）

23. 花胫绿纹蝗 *Aiolopus tanulus*（Fabricius，1798）

24. 大赤翅蝗 *Celes akitanus*（Shiraki，1910）

25. 东亚飞蝗 *Locusta migratoria manilensis*（Meyen，1835）

26. 黄胫小车蝗 *Oedaleus infernalis* Saussure，1884

27. 疣蝗 *Trilophidia annulata*（Thunberg，1815）

（九）蟋蟀科 Gryllidae

28. 短翅灶蟋 *Gryllodes sigillatus*（Walker，1869）

（十）螽斯科 Tettigoniidae

29. 厚头拟喙螽 *Pseudorhynchus crassiceps*（Haan，1843）

（十一）蝼蛄科 Gryllotalpidae

30. 华北蝼蛄 *Gryllotalpa unispina* Saussure，1847

31. 东方蝼蛄 *Gryllotalpa orientalis* Burmeister，1838

（十二）蚤蝼科 Tridactylidae

32. 日本黑蚤蝼 *Xya japonica*（Haan，1842）

六、革翅目 Dermaptera

（十三）肥螋科 Anisolabididaee

33. 环纹优博螋 *Euborellia annulata*（Fabricius，1793）

（十四）球螋科 Forficulidae

34. 迷卡球螋 *Forficula mikado* Burr，1904

七、半翅目 Hemiptera

（十五）蝉科 Cicadidae

35. 黑蚱蝉 *Cryptotympana atrata*（Fabricius，1775）

36. 桑黑蝉 *Cryptotympana japonensis* Kato, 1925
37. 蟪蛄 *Platypleura kaemferi*（Fabricius, 1794）

（十六）叶蝉科 Cicadellidae

38. 棉叶蝉 *Amrasca biguttula*（Ishida, 1913）
39. 大青叶蝉 *Cicadella viridis*（Linnaeus, 1758）
40. 小绿叶蝉 *Empoasca flavescens*（Fabricius, 1794）
41. 桑斑叶蝉 *Erythroneura mori*（Matsumura, 1910）
42. 稻叶蝉 *Inemadara oryzae*（Matsumura, 1902）
43. 白边大叶蝉 *Kolla paulula*（Walker, 1858）
44. 河北零叶蝉 *Limassolla hebeiensis* Cai, Liang & Wang, 1992
45. 条沙叶蝉 *Psammotettix striatus*（Linnaeus, 1758）
46. 葡萄斑叶蝉 *Zygina apicalis* Nawa, 1913

（十七）蜡蝉科 Fulgoridae

47. 斑衣蜡蝉 *Lycorma delicatula*（White, 1845）

（十八）飞虱科 Delphacidae

48. 褐背飞虱 *Harmalia sameshimai*（Matsumura & Ishihara, 1945）
49. 灰飞虱 *Laodelphax striatellus*（Fallén, 1826）
50. 褐飞虱 *Nilaparvata lugens*（Stål, 1854）
51. 白背飞虱 *Sogatella furcifera*（Harváth, 1899）
52. 白条飞虱 *Terthron albovittatum*（Matsumura, 1931）
53. 白脊飞虱 *Unkanodes sapporonus*（Matsumura, 1935）

（十九）木虱科 Psyllidae

54. 中国梨喀木虱 *Cacopsylla chinensis*（Yang & Li, 1981）

（二十）裂木虱科 Carsidaridae

55. 梧桐裂木虱 *Carsidara limbata*（Enderlein, 1926）

（二十一）根瘤蚜科 Phylloxeridae

56. 梨黄粉蚜 *Aphanostigma jaksuiense* Kishida, 1924

（二十二）蚜科 Aphididae

57. 榆绵蚜 *Eriosoma lanuginosum dilanuginosum* Zhang, 1980
58. 杨柄叶瘿绵蚜 *Pemphigus matsumurai* Monzen, 1929
59. 苜蓿无网蚜 *Acyrthosiphon kondoi* Shinji, 1938
60. 豌豆蚜 *Acyrthosiphon pisum*（Harris, 1776）

61. 绣线菊蚜 *Aphis citricola* van der Goot，1912

62. 豆蚜 *Aphis craccivora* Koch，1854

63. 柳蚜 *Aphis farinose* Gmelin，1790

64. 大豆蚜 *Aphis glycines* Matsumura，1917

65. 棉蚜 *Aphis gossypii* Glover，1877

66. 夹竹桃蚜 *Aphis nerii* Boyer de Fonscolombe，1841

67. 杠柳蚜 *Aphis periplocophila* Zhang，1983

68. 苹果蚜 *Aphis pomi* de Geer，1773

69. 茄无网蚜 *Aulacorthum solani*（Kaltenbach，1843）

70. 李短尾蚜 *Brachycaudus helichrysi*（Kaltenbach，1843）

71. 甘蓝蚜 *Breviciryne brassicae*（Linnaeus，1758）

72. 夏至草隐瘤蚜 *Cryptomyzus taoi* Hille Ris Lambers，1963

73. 藜蚜 *Hayhurstia atriplicis*（Linnaeus，1761）

74. 桃粉大尾蚜 *Hyalopterus amygdali*（Blanchard，1840）

75. 萝卜蚜 *Lipaphis erysimi*（Kaltenbach，1843）

76. 菊小长管蚜 *Macrosiphoniella sanborni*（Gillette，1908）

77. 麦长管蚜 *Macrosiphum miscanthi* Takahashi，1921

78. 竹蚜 *Melanaphis bambusae*（Fullaway，1910）

79. 高粱色蚜 *Melanaphis sacchari*（Zehntner，1897）

80. 麦无网蚜 *Metopolophium dirhodum*（Walker，1849）

81. 金针瘤蚜 *Myzus hemerocallis* Takahashi，1921

82. 苹果瘤蚜 *Myzus malisuctus*（Shinji & Kondo，1938）

83. 桃蚜 *Myzus persicae*（Sulzer，1776）

84. 桃纵卷叶蚜 *Myzus tropicalis* Takahashi，1923

85. 山楂圆瘤蚜 *Ovatus crataegarius*（Walker，1850）

86. 玉米蚜 *Rhopalosiphum maidis*（Fitch，1855）

87. 禾谷缢管蚜 *Rhopalosiphum padi*（Linnaeus，1758）

88. 麦二叉蚜 *Schizaphis graminum*（Rondani，1852）

89. 梨二叉蚜 *Schizaphis piricola*（Matsumura，1917）

90. 中华莎草二叉蚜 *Schizaphis siniscirpi* Zhang，1983

91. 胡萝卜微管蚜 *Semiaphis heraclei*（Takahashi，1921）

92. 桃瘤头蚜 *Tuberocephalus momonis*（Matsumura，1917）

93. 莴苣指管蚜 *Uroleucon formosanum*（Takahashi，1921）

94. 榆华毛蚜 *Sinochaitophorus maoi* Takahashi，1936

95. 柳黑毛蚜 *Chaitophorus saliniger* Shinji，1924

（二十三）硕蚧科 Margarodidae

96. 桑履绵蚧 *Drosicha contrahens* Walker，1858

97. 草履蚧 *Drosicha corpulenta*（Kuwana，1902）

（二十四）粉蚧科 Pseudococcidae

98. 柿长绵粉蚧 *Phenacoccus pergandei* Cockerell，1896

99. 桔臀纹粉蚧 *Planococcus citri*（Risso，1813）

（二十五）毡蚧科 Eriococcidae

100. 柿白毡蚧 *Asiacornucoccus kaki*（Kuwana，1931）

（二十六）蚧科 Coccidae

101. 红蜡蚧 *Ceroplastes rubens* Maskell，1893

102. 朝鲜球坚蚧 *Didesmococcus koreanus* Borchsnius，1955

103. 枣大球蚧 *Eulecanium gigantea*（Shinji，1935）

104. 水木坚蚧 *Parthenolecanium corni*（Bouché，1844）

105. 杏球蚧 *Sphaeroleanium prunastri*（Fonscolombe，1834）

（二十七）盾蚧科 Diaspididae

106. 柳蛎盾蚧 *Lepidosaphes salicina* Borchsenius，1958

107. 梨长白蚧 *Lopholeucaspis japonica*（Cockerell，1897）

108. 桑白盾蚧 *Pseudaulacaspis pentagona*（Targioni-Tozzetti，1886）

（二十八）花蝽科 Anthocoridae

109. 黑头叉胸花蝽 *Amphiareus obscuriceps*（Poppius，1909）

110. 微小花蝽 *Orius minuts*（Linnaeus，1758）

111. 仓花蝽 *Xylocoris cursitans*（Fallén，1807）

（二十九）臭虫科 Cimicidae

112. 温带臭虫 *Cimex lectularius* Linnaeus，1758

（三十）盲蝽科 Miridae

113. 三点苜蓿盲蝽 *Adelphocoris fasiaticollis* Reuter，1903

114. 苜蓿盲蝽 *Adelphocoris lineolatus*（Geoze，1778）

115. 绿后丽盲蝽 *Apolygus lucorum*（Meyer-Dur，1843）

116. 烟草盲蝽 *Cyrtopeltis tenulis* Reuter，1895

117. 红楔异盲蝽 *Poeciloscytus cognatus* Fieber, 1858

118. 条赤须盲蝽 *Trigonotylus coelestialium*（Kirkaldy, 1902）

（三十一）姬蝽科 Nabidae

119. 华姬蝽 *Nabis sinoferus* Hsiao, 1964

120. 角带花姬蝽 *Prostemma hilgendorffi* Stein, 1878

（三十二）猎蝽科 Reduviidae

121. 淡带荆猎蝽 *Acanthaspis cincticrus* Stål, 1859

122. 中黑土猎蝽 *Coranus lativentris* Jakovlev, 1890

123. 八节黑猎蝽 *Ectrychotes andreae*（Thunberg, 1784）

124. 南普猎蝽 *Oncocephalus philippinus* Lethierry, 1877

125. 污黑盗猎蝽 *Pirates turpis* Walker, 1873

126. 双刺胸猎蝽 *Pygolampis bidentata*（Goeze, 1778）

127. 污刺胸猎蝽 *Pygolampis foeda* Stål, 1859

128. 黄足锥头猎蝽 *Sirthenea flavipes*（Stål, 1855）

（三十三）网蝽科 Tingidae

129. 梨冠网蝽 *Stephanitis nashi* Esali & Takeya, 1931

（三十四）黾蝽科 Gerridae

130. 长翅大黾蝽 *Aquarius elongatus*（Uhler, 1896）

131. 圆臀大黾蝽 *Aquarius paludus*（Fabricius, 1794）

（三十五）长蝽科 Geocoridae

132. 大眼长蝽 *Geocoris pallidipennis*（Costa, 1843）

（三十六）跷蝽科 Berytidae

133. 娇驼跷蝽 *Gampsocoris pulchellus*（Dallas, 1852）

（三十七）缘蝽科 Coreidae

134. 纹须同缘蝽 *Homoeocerus striicornis* Scott, 1874

（三十八）姬缘蝽科 Rhopalidae

135. 粟缘蝽 *Liorhyssus hyalinus*（Fabricius, 1794）

（三十九）土蝽科 Cydnidae

136. 大鳖土蝽 *Adrisa magna*（Uhler, 1860）

（四十）盾蝽科 Scutelleridae

137. 金绿宽盾蝽 *Poecilocoris lewisi*（Distant, 1883）

（四十一）蝽科 Pentatomidae

138. 斑须蝽 *Dolycoris baccarum*（Linnaeus，1758）

139. 麻皮蝽 *Erthesina fullo*（Thunberg，1783）

140. 茶翅蝽 *Halyomorpha halys*（Stål，1855）

141. 珀蝽 *Plautia fimbriata*（Fabricius，1787）

142. 蓝蝽 *Zicrona caerula*（Linnaeus，1758）

（四十二）负蝽科 Belostomatidae

143. 大田鳖 *Kirkaldyia deyrollei*（Vuillefroy，1864）

（四十三）仰蝽科 Notonectidae

144. 华仰蝽 *Enithares sinica*（Stål，1854）

（四十四）划蝽科 Corixidae

145. 横纹划蝽 *Sigara substriata*（Uhler，1897）

八、啮目 Psocodea

（四十五）虱啮科 Liposcelididae

146. 嗜卷虱啮 *Liposcelis bostrychophila* Badonnel，1931

147. 无色虱啮 *Liposcelis decolor*（Pearman，1925）

148. 嗜虫虱啮 *Liposcelis entomophila*（Enderlein，1907）

149. 小眼虱啮 *Liposcelis paeta* Pearman，1942

（四十六）兽鸟虱科 Trichodectidae

150. 牛鸟虱 *Damalinia bovis*（Linnaeus，1758）

（四十七）阴虱科 Pthiridae

151. 阴虱 *Phthirus pubis*（Linnaeus，1758）

（四十八）虱科 Pediculidae

152. 人体虱 *Pediculus humanus capitis* de Geer，1778

153. 人头虱 *Pediculus humanus corporis* de Geer，1778

（四十九）血虱科 Haematopinidae

154. 牛血虱 *Haematopinus eurysternus* Denny，1842

155. 猪血虱 *Haematopinus suis*（Linnaeus，1758）

九、缨翅目 Thysanoptera

（五十）蓟马科 Thripidae

156. 花蓟马 *Frankliniella intonsa*（Trybom，1895）

157. 肖长角六点蓟马 *Scolothrips dilongicornis* Han & Zhang，1982

158. 塔六点蓟马 *Scolothrips takahashii* Priesner，1950

159. 葱蓟马 *Thrips alliorum*（Priesner，1935）
160. 烟蓟马 *Thrips tabaci* Lindeman，1889

十、鞘翅目 Coleoptera

（五十一）虎甲科 Cicindelidae

161. 铜翅多型虎甲 *Cicindela transbaicalica* Motschulsky，1844
162. 花斑虎甲 *Cicindela laetescripta* Motschulsky，1860
163. 深山虎甲 *Cicindela sachalinensis* Morawitz，1862
164. 云纹虎甲 *Cylindera elisae*（Motschulsky，1859）
165. 双狭虎甲 *Cylindera gracilis*（Pallas，1777）
166. 星斑虎甲 *Cylindera kaleea*（Bates，1866）
167. 断纹虎甲 *Cicindela striolata*（Illiger，1800）
168. 膨边虎甲 *Cicindela sumatrensis* Herbst，1806
169. 镜面虎甲 *Myriochila specularis*（Chaudoir，1865）

（五十二）步甲科 Carabidae

170. 金星步甲 *Calosoma chinense* Kirby，1819
171. 暗星步甲 *Calosoma lugens* Chaudoir，1869
172. 黄边青步甲 *Chlaenius circumdatus* Brullé，1835
173. 黄斑青步甲 *Chlaenius micans*（Fabricius，1792）
174. 蠋步甲 *Dolichus halensis*（Schaller，1783）
175. 黄缘心步甲 *Nebria livida*（Linnaeus，1758）
176. 爪哇屁步甲 *Pheropsophus javanus*（Dejean，1825）
177. 广屁步甲 *Pheropsophus occipitalis*（MacLeay，1825）
178. 河圆甲 *Omophron limbatus*（Fabricius，1776）

（五十三）龙虱科 Dytiscidae

179. 大龙虱 *Cybister japonicus* Sharp，1873
180. 东方龙虱 *Cybister tripunctatus*（Olivier，1795）
181. 灰龙虱 *Erectes sticticus*（Linnaeus，1758）
182. 东方沼龙虱 *Hyphydrus orientslis* Clark，1863
183. 泥龙虱 *Ilybius apicalis* Sharp，1873

（五十四）隐翅甲科 Staphylinidae

184. 黄足蚁形隐翅虫 *Paederus fuscipes* Curtis，1826
185. 黑足蚁形隐翅虫 *Paederus tamulus* Erichson，1840

（五十五）红萤科 Lycidae

186. 扁形红萤 *Macrolycus flabellatus*（Motschulsky，1860）

（五十六）叩头甲科 Elateridae

187. 细胸锥尾叩甲 *Agriotes subvittatus* Motschulsky，1860

188. 沟线角叩甲 *Pleonomus canaliculatus*（Faldermann，1835）

（五十七）皮蠹科 Dermestidae

189. 标本圆皮蠹 *Anthrenus museorum*（Linnaeus，1761）

190. 小圆皮蠹 *Anthrenus verbasci*（Linnaeus，1767）

191. 暗褐毛皮蠹 *Attagenus brunneus* Faldermann，1835

192. 黑毛皮蠹 *Attagenus unicolor japonicus* Reitter，1877

193. 钩纹皮蠹 *Dermestes ater* de Geer，1774

194. 拟白腹皮蠹 *Dermestes frischi* Kugelann，1792

195. 白腹皮蠹 *Dermestes maculatus* de Geer，1774

196. 赤毛皮蠹 *Dermestes tessellatocollis* Motschulsky，1859

197. 百怪皮蠹 *Thylodrias contractus* Motschulsky，1839

198. 条斑皮蠹 *Trogoderma teukton* Beal，1956

199. 花斑皮蠹 *Trogoderma variabile* Ballion，1878

（五十八）谷盗科 Trogossitidae

200. 大谷盗 *Tenebroides mauritanicus*（Linnaeus，1758）

（五十九）露尾甲科 Nitidulidae

201. 细胫露尾甲 *Carpophilus delkeskampi* Hisamatsu，1963

202. 凹胫露尾甲 *Carpophilus pilosellus* Motschulsky，1858

（六十）扁谷盗科 Laemophloeidae

203. 锈赤扁谷盗 *Cryptolestes ferrugineus*（Stephens，1831）

204. 长角扁谷盗 *Cryptolestes pusillus*（Schénherr，1817）

205. 土耳其扁谷盗 *Cryptolestes turcicus*（Grouvelle，1876）

（六十一）锯谷盗科 Silvanidae

206. 米扁虫 *Ahasverus advena*（Walt，1832）

207. 锯谷盗 *Oryzaephilus surinamensis*（Linnaeus，1758）

208. 圆筒胸锯谷盗 *Silvanoprus cephalotes*（Reitter，1876）

209. 尖胸锯谷盗 *Silvanoprus scuticollis*（Walker，1859）

（六十二）隐食甲科 Cryptophagidae

210. 钩角隐食甲 *Cryptophagus acutangulus* Gyllenhal，1827

211. 腐隐食甲 *Cryptophagus obsoletus* Reitter，1879

（六十三）薪甲科 Latridiidae

212. 缩颈薪甲 *Cartodere constricta*（Gyllenhal，1827）

213. 脊突薪甲 *Enicmus histrio* Joy & Tomlin，1910

214. 四行薪甲 *Lathridius bergrothi* Reitter，1881

215. 红颈小薪甲 *Microgramme ruficollis*（Marshall，1802）

216. 东方薪甲 *Migneauxia orientalis* Reitter，1877

（六十四）伪瓢虫科 Endomychidae

217. 扁薪甲 *Holoparamecus depressus* Curtis，1833

218. 椭圆薪甲 *Holoparamecus ellipticus* Wollaston，1874

219. 头角薪甲 *Holoparamecus signatus* Wollaston，1874

（六十五）瓢虫科 Coccinellidae

220. 二星瓢虫 *Adalia bipunctata*（Linnaeus，1758）

221. 展缘异点瓢虫 *Anisosticta kobensis* Lewis，1896

222. 红点唇瓢虫 *Chilocorus kuwanae* Silvestri，1909

223. 黑缘红瓢虫 *Chilocorus rubidus* Hope，1831

224. 六斑月瓢虫 *Cheilomenes sexmaculata*（Fabricius，1781）

225. 七星瓢虫 *Coccinella septempunctata* Linnaues，1758

226. 十一星瓢虫 *Coccinella undecimpunctata* Linnaeus，1758

227. 双七星瓢虫 *Coccinula quatuordecimpunctata*（Linnaeus，1758）

228. 梵纹菌瓢虫 *Halyzia sanscrita* Mulsant，1853

229. 异色瓢虫 *Harmonia axyridis*（Pallas，1773）

230. 马铃薯瓢虫 *Henosepilachna vigintioctomaculata*（Motschulsky，1857）

231. 茄二十八星瓢虫 *Henosepilachna vigintioctopunctata*（Fabricius，1775）

232. 十三星瓢虫 *Hippodamia tredecimpunctata*（Linnaeus，1758）

233. 多异瓢虫 *Hippodamia variegata*（Goeze，1777）

234. 四斑显盾瓢虫 *Hyperaspis leechi* Miyatake，1961

235. 素菌瓢虫 *Illeis cincta*（Fabricius，1798）

236. 双带盘瓢虫 *Lemnia biplagiata*（Schwartz，1808）

237. 十二斑巧瓢虫 *Oenopia bissexnotata*（Mulsant，1850）

238. 龟纹瓢虫 *Propylea japonica*（Thunberg，1781）

239. 黄室盘瓢虫 *Propylea luteopustulata*（Mulsant，1866）

240. 二十二星菌瓢虫 *Psyllobora vigintiduopunctata*（Linnaeus，1758）

241. 黑襟毛瓢虫 *Scymnus hoffmanni* Weise，1879

242. 黑背小瓢虫 *Scymnus kawamurai*（Ohta，1929）

243. 深点食螨瓢虫 *Stethorus punctillum* Weise，1891

244. 十二斑褐菌瓢虫 *Vibidia duodecimguttata*（Poda，1761）

（六十六）芫菁科 Meloidae

245. 中国豆芫菁 *Epicauta chinensis* Laporte，1840

246. 豆芫菁 *Epicauta gorhami* Marseul，1873

247. 西伯利亚豆芫菁 *Epicauta sibirica* Reitter，1905

248. 眼斑沟芫菁 *Hycleus cicharii*（Linnaeus，1758）

249. 大斑芫菁 *Mylabris phalerafa*（Pallas，1781）

（六十七）拟步甲科 Tenebrionidae

250. 黑粉甲 *Alphitobius diaperinus*（Panzer，1797）

251. 小粉甲 *Alphitobius laevigatus*（Fabricius，1781）

252. 网目土甲 *Gonocephalum reticularum* Motschulsky，1853

253. 网目拟地甲 *Opatrum sabulosum*（Linnaeus，1761）

254. 姬粉盗 *Palorus ratzeburgi*（Wissmann，1848）

255. 赤拟粉甲 *Tribolium castaneum*（Herbst，1797）

256. 杂拟粉甲 *Tribolium confusum* Jaquelin du Val，1868

257. 黑背伪叶甲 *Lagria nigricollis* Hope，1843

（六十八）长蠹科 Bostrichidae

258. 褐粉蠹 *Lyctus brunneus*（Stephens，1830）

259. 谷蠹 *Rhyzopertha dominica*（Fabricius，1792）

（六十九）窃蠹科 Anobiidae

260. 烟草甲 *Lasioderma serricorne* Fabricius，1792

261. 药材甲 *Stegobium paniceum*（Linnaeus，1758）

（七十）蛛甲科 Ptinidae

262. 拟裸蛛甲 *Gibbium aequinoctiale* Boiedieu，1854

263. 褐蛛甲 *Pseudeurostus hilleri*（Reitter，1877）

（七十一）金龟科 Scarabaeidae

264. 神农洁蜣螂 *Catharsius molossus*（Linnaeus，1758）

265. 臭蜣螂 *Copris ochus*（Motschulsky，1860）
266. 中华蜣螂 *Copris sinicus* Hope，1842
267. 墨侧裸蜣螂 *Gymnopleurus mopsus*（Pallas，1781）
268. 翘侧裸蜣螂 *Gymnopleurus sinuatus*（Geoffroy，1785）
269. 镰双凹蜣螂 *Onitis falcatus*（Wulfen，1786）
270. 日本嗡蜣螂 *Onthophagus japonicus* Harold，1875
271. 三角嗡蜣螂 *Onthophagus tricornis*（Wiedemann，1823）
272. 台风蜣螂 *Scarabaeus typhon*（Fischer von Waldheim，1823）
273. 斯氏蜣螂 *Sisyphus schaefferi*（Linnaeus，1758）

（七十二）粪金龟科 Geotrupidae

274. 戴锤角粪金龟 *Bolbotrypes davidis*（Fairmaire，1891）
275. 中华角粪金龟 *Certophyus sinicus* Zunino，1973
276. 粪堆粪金龟 *Geotrupes stercorarius*（Linnaeus，1758）

（七十三）鳃金龟科 Melolonthidae

277. 华北大黑鳃金龟 *Holotrichia oblita*（Faldermann，1835）
278. 暗黑鳃金龟 *Holotrichia parallela*（Motschulsky，1854）
279. 棕色鳃金龟 *Holotrichia titanis* Reitter，1902
280. 毛黄鳃金龟 *Miridiba trichophora*（Fairmaire，1891）
281. 小阔胫玛绢金龟 *Maladera ovatula*（Fairmaire，1891）
282. 阔胫玛绢金龟 *Maladera verticalis*（Fairmaire，1888）
283. 弟兄鳃金龟 *Melolontha frater* Arrow，1913
284. 鲜黄鳃金龟 *Metabolus tumidifrons* Fairmaire，1887
285. 东方绢金龟 *Serica orientalis* Motschulsky，1857

（七十四）丽金龟科 Rutelidae

286. 斑喙丽金龟 *Adoretus tenuimaculatus* Waterhouse，1875
287. 铜绿异丽金龟 *Anomala corpulenta* Motschulsky，1854
288. 黄褐异丽金龟 *Anomala exoleta* Faldermann，1835
289. 蓝边矛丽金龟 *Callistethus plagiicollis*（Fairmaire，1885）
290. 无斑弧丽金龟 *Popillia mutans* Newman，1838
291. 中华弧丽金龟 *Popillia quadriguttata*（Fabricius，1787）
292. 苹毛丽金龟 *Proagopertha lucidula*（Faldermann，1835）

（七十五）犀金龟科 Dynastidae

293. 双叉犀金龟 *Allomyrina dichotoma*（Linnaeus，1758）

294. 华扁犀金龟 *Eophileurus chinensis*（Faldermann，1835）

295. 阔胸禾犀金龟 *Pentoden mongolicus* Motschulsky，1849

（七十六）花金龟科 Cetoniidae

296. 肋凹缘花金龟 *Dicranobia potanini* Kraatz，1889

297. 小青花金龟 *Gametis jucunda*（Faldermann，1835）

298. 褐锈花金龟 *Anthracophora rusticola* Burmeister，1842

299. 宽带鹿花金龟 *Dicronocephalus adamsi*（Pascoe，1863）

300. 凸绿星花金龟 *Cetonia aerata* Erichson，1834

301. 白星花金龟 *Protaetia brevitarsis*（Lewis，1879）

（七十七）斑金龟科 Trichiidae

302. 短毛斑金龟 *Lasiotrichius succinctus*（Pallas，1781）

（七十八）锹甲科 Lucanidae

303. 扁锹甲 *Dorcus titanus platymelus*（Saunders，1854）

304. 褐黄前锹甲 *Prosopocoilus astacoides blanchardi* Parry，1873

（七十九）天牛科 Cerambycidae

305. 白角纹虎天牛 *Anaglyptus apicicornis* Gressitt，1951

306. 桃红颈天牛 *Aromia bungii*（Faldermann，1835）

307. 红缘亚天牛 *Asias halodendri* Xu & Neng，2007

308. 灰斑安天牛 *Annamanum albisparsum*（Gahan，1888）

309. 斑角缘花天牛 *Anoplodera variicornis* Gressitt，1947

310. 星天牛 *Anoplophora chinensis*（Forster，1771）

311. 光肩星天牛 *Anoplophora glabripennis*（Motschulsky，1854）

312. 胸斑星天牛 *Anoplophora macularia*（Thomson，1865）

313. 粒肩天牛 *Apriona germari*（Hope，1831）

314. 黑跗眼天牛 *Bacchisa atritarsis*（Pic，1912）

315. 多毛天牛 *Hirtaeschopalaea albolineata* Pic，1925

316. 梨眼天牛 *Bacchisa fortunei*（Thomson，1857）

317. 云斑白条天牛 *Batocera horsfieldi*（Hope，1839）

318. 台湾缨象天牛 *Cacia arisana*（Kano，1933）

319. 榄绿虎天牛 *Chlorophorus eleodes*（Fairmaire，1889）

320. 梨突天牛 *Diboma malina* Gressitt，1951

321. 曲牙土天牛 *Dorysthenes hydropicus*（Pascoe，1857）

322. 异色花天牛 *Leptura thoracira*（Creutzer，1799）

323. 中华薄翅天牛 *Megopis sinica*（White，1853）

324. 三带象天牛 *Mesosa longipennis* Bates，1873

325. 红足墨天牛 *Monochamus dubius* Gressit，1937

326. 灰翅筒天牛 *Oberea oculata*（Linnaeus，1758）

327. 黑跗虎天牛 *Perissus minicus* Gressitt & Rondon，1970

328. 橄榄梯天牛 *Pharsalia subgemmata*（Thomson，1857）

329. 伪昏天牛 *Pseudanaesthetis langana* Pic，1922

330. 棕竿天牛 *Pseudocalambius leptissimus* Gressitt，1936

331. 山杨楔天牛 *Saperda carcharias*（Linnaeus，1758）

332. 青杨楔天牛 *Saperda populnea*（Linnaeus，1758）

333. 台湾峡天牛 *Stenhomalus taiwanus* Matsushita，1933

334. 松脊花天牛 *Stenocorus inquisitor japonicus* Zhang & Chen，1992

335. 光胸断眼天牛 *Tetropium castaneum*（Linnaeus，1758）

336. 家茸天牛 *Trichoferus campestris*（Faldermann，1835）

337. 刺角天牛 *Trirachys orientalis* Hope，1843

（八十）叶甲科 Chrysomelidae

338. 细胸萤叶甲 *Asiorestia interpunctata*（Motschulsky，1859）

339. 印度黄守瓜 *Aulacophora indica*（Gmelin，1790）

340. 麦跳甲 *Chaetocnema hortensis*（Geoffroy，1785）

341. 杨叶甲 *Chrysomela populi* Linnaeus，1758

342. 竹笋长跗萤叶甲 *Monolepta pallidula*（Baly，1874）

343. 梨金花虫 *Paropsides duodecimpustulata* Gebler，1825

344. 黄宽条跳甲 *Phyllotreta humilis* Weise，1887

345. 黄直条跳甲 *Phyllotreta rectilineata* Chen，1939

346. 黄狭条跳甲 *Phyllotreta vittula*（Redtenbacher，1849）

347. 柳圆 / 蓝叶甲 *Plagiodera versicolora*（Laicharting，1781）

348. 榆绿毛萤叶甲 *Pyrrhalta aenescens* Fairmaire，1878

349. 榆黄毛萤叶甲 *Pyrrhalta maculicollis*（Motschulsky，1853）

（八十一）肖叶甲科 Eumolpidae

350. 中华萝藦叶甲 *Chrysochus chinensis* Baly，1859

351. 甘薯叶甲 *Colasposoma dauricum* Mannerheim，1849

352. 酸枣隐头叶甲 *Cryptocephalus japanus* Baly，1873

353. 梨光叶甲 *Smaragdina semiaurantiaca*（Farmaire，1888）

（八十二）豆象科 Bruchidae

354. 绿豆象 *Callosobruchus chinensis*（Linnaeus，1758）

（八十三）象甲科 Curculionidae

355. 柳绿象 *Chlorophanus sibiricus* Gyllenhal，1834

356. 臭椿沟眶象 *Eucryptorrhynchus brandti* Harold，1881

357. 沟眶象 *Eucryptorrhynchus chinensis*（Olivier，1790）

358. 蓝绿象 *Hypomyces squamosus*（Fabricius，1792）

359. 黄星象 *Lepyrus japonicus* Roelofs，1873

360. 棉尖象 *Phytoscaphus gossypii* Chao，1974

361. 玉米象 *Sitophilus zeamais* Motschulsky，1855

362. 大灰象 *Sympiezomias velatus*（Chevrolat，1845）

363. 蒙古土象 *Xylinophorus mongolicus* Faust，1881

（八十四）小蠹科 Scolytidae

364. 柏肤小蠹 *Phloeosinus aubei*（Perris，1855）

十一、捻翅目 Strepsiptera

（八十五）栉（虫扇）科 Halictophagidae

365. 二点栉（虫扇）*Halictophagus bipunctatus* Yang，1955

十二、脉翅目 Neuroptera

（八十六）草蛉科 Chrysopidae

366. 丽草蛉 *Chrysopa formosa* Brauer，1851

367. 大草蛉 *Chrysopa pallens*（Ramber，1838）

368. 日本通草蛉 *Chrysoperla nippoensis*（Okamoto，1914）

（八十七）蚁蛉科 Myrmeleontidae

369. 褐纹树蚁蛉 *Dendroleon pantherius*（Fabricius，1787）

370. 中华东蚁蛉 *Euroleon sinicus*（Navás，1930）

十三、毛翅目 Trichoptera

（八十八）角石蛾科 Stenopsychidae

371. 斑纹角石蛾 *Stenpsyche marmorata* Navás，1920

十四、鳞翅目 Lepidoptera

（八十九）透翅蛾科 Sesiidae

372. 白杨透翅蛾 *Paranthrene tabaniformis*（Rottemberg & Von，1775）

373. 海棠透翅蛾 *Synanthedon unocingulata* Bartel，1912

（九十）麦蛾科 Gelechiidae

374. 甘薯麦蛾 *Brachmia macroscopa* Meyrick，1932

375. 棉红铃虫 *Platyedra gossypiella*（Saunders，1843）

376. 麦蛾 *Sitotroga cerealella*（Olivier，1789）

377. 黑星麦蛾 *Telphusa chloroderces* Meyrick，1929

（九十一）细蛾科 Gracillariidae

378. 金纹细蛾 *Phyllonorycter ringoniella*（Matsumura，1931）

379. 梨潜皮细蛾 *Spulerina astaurota*（Meyrick，1922）

（九十二）潜蛾科 Lyonetiidae

380. 旋纹潜蛾 *Leucoptera scitella* Zeller，1839

381. 杨白潜蛾 *Leucoptera susinela*（Herrich-Schäffer，1855）

（九十三）叶潜蛾科 Phyllocnistidae

382. 杨银叶潜蛾 *Phyllocnistis saligna*（Zeller，1839）

（九十四）菜蛾科 Plutellidae

383. 小菜蛾 *Plutella xylostella*（Linnaeus，1767）

（九十五）展足蛾科 Stathmopodidae

384. 柿举肢蛾 *Starhmopoda massinissa* Meyrick，1906

（九十六）小潜蛾科 Elachistidae

385. 梨瘿华蛾 *Sinitinea pyrigalla* Yang，1977

（九十七）谷蛾科 Tineidae

386. 褐斑谷蛾 *Homalopsycha agglutinata* Meyrick，1932

387. 四点巢谷蛾 *Nitiditinea tugurialis*（Meyrick，1932）

（九十八）木蠹蛾科 Cossidae

388. 芳香木蠹蛾 *Cossus orientalis* Gaede，1929

389. 柳干蠹蛾 *Holcocerus vicarius*（Walker，1865）

390. 咖啡豹蠹蛾 *Zeuzera coffeae* Nietner，1861

（九十九）蓑蛾科 Psychidae

391. 白囊蓑蛾 *Chalioides kondonis* Kondo，1922

392. 大巢蓑蛾 *Clania variegata*（Snellen，1879）

（一〇〇）刺蛾科 Limacodidae

393. 黄刺蛾 *Monema flavescens* Walker，1855

394. 梨娜刺蛾 *Narosoideus flavidorsalis*（Staudinger，1887）

395. 褐边绿刺蛾 *Parasa consocia* Walker，1865

396. 桑褐刺蛾 *Setora postornata*（Hampson，1900）

（一〇一）斑蛾科 Zygaenidae

397. 梨叶斑蛾 *Illiberis pruni* Dyar，1905

（一〇二）蛀果蛾科 Carposinidae

398. 桃蛀果蛾 *Carposina sasakii* Matsumura，1900

（一〇三）卷蛾科 Tortricidae

399. 黄斑长翅卷蛾 *Acleris fimbriana*（Thunberg & Becklin，1791）

400. 梨小食心虫 *Grapholitha molesta*（Busck，1916）

401. 南川卷蛾 *Hoshinoa longicellana*（Walsingham，1900）

402. 苹褐卷蛾 *Pandemis heparana*（Denis & Schiffermuller，1775）

（一〇四）螟蛾科 Pyralidae

403. 米缟螟 *Aglossa dimidiate*（Haworth，1810）

404. 二点织螟 *Aphomis zelleri* Joannis，1932

405. 干果斑螟 *Cadra cautella*（Walker，1863）

406. 葡萄果斑螟 *Cadra figulilella*（Gregson，1871）

407. 米螟 *Corcyra cephalonica* Staint，1866

408. 梨云斑螟 *Nephopterix pirivorella* Matsumura，1900

409. 一点缀螟 *Paralipsa gularis*（Zeller，1877）

410. 印度谷斑螟 *Plodia interpunctella* Hubner，1810

（一〇五）草螟科 Crambidae

411. 竹织叶野螟 *Algedonia coclesalis* Walker，1859

412. 稻纵卷叶螟 *Cnaphalocrocis medinalis*（Guenee，1854）

413. 菜心野螟 *Hellula undalis*（Fabricius，1781）

414. 麦牧野螟 *Nomophila noctuella* Schiffermuller & Denis，1775

415. 亚洲玉米螟 *Ostrinia furnacalis*（Guenee，1854）

416. 旱柳原野螟 *Proteuclasta stotzneri*（Caradja，1927）

417. 白蜡绢须野螟 *Palpita nigropunctalis*（Bremer，1864）

（一○六）羽蛾科 Pterophoridae

418. 甘薯异羽蛾 *Emmelina monodactylus*（Linnaeus，1758）

（一○七）枯叶蛾科 Lasiocampidae

419. 马尾松毛虫 *Dendrolimus punctatus*（Walker，1855）

420. 赤松毛虫 *Dendrolimus spectabillis* Butler，1877

421. 明纹柏松毛虫 *Dendrolimus suffuscus illustratus* Lajonquiere，1973

422. 侧柏松毛虫 *Dendrolimus suffuscus suffuscus* Lajonquiere，1973

423. 落叶松毛虫 *Dendrolimus superans*（Butler，1877）

424. 杨褐枯叶蛾 *Gastropacha populifolia*（Esper，1784）

425. 苹枯叶蛾 *Odonestis pruni*（Linnaeus，1758）

（一○八）天蚕蛾科 Saturniidae

426. 樗蚕 *Philosamia cynthia ricina* Donovan，1798

427. 绿尾大蚕蛾 *Actias ningpoana* Felder，1862

（一○九）箩纹蛾科 Brahmaeidae

428. 黄褐箩纹蛾 *Brahmaea certhia*（Fabricius，1793）

（一一○）蚕蛾科 Bombycidae

429. 家蚕 *Bombyx mori* Linnaeus，1758

430. 直线野蚕蛾 *Theophila religiosa* Helfer，1837

（一一一）尺蛾科 Geometridae

431. 萝藦艳青尺蛾 *Agathia carissima* Butler，1878

432. 沙枣尺蛾 *Apochima cinerarius*（Erschoff，1874）

433. 梨尺蛾 *Apochima cinerarius pyri* Yang，1978

434. 桑褐翅尺蛾 *Apochima excavate*（Dyar，1905）

435. 黄星尺蛾 *Arichanna melanaria fraterna*（Butler,1878）

436. 大造桥虫 *Ascotis selenaria*（Denis & Schiffermuller，1775）

437. 双云尺蛾 *Biston regalis*（Moore，1888）

438. 焦边尺蛾 *Bizia aexaria* Walker，1860

439. 丝棉木金星尺蛾 *Calospilos suspecta* Warren，1894

440. 双斜线尺蛾 *Megaspilates mundataria*（Stoll，1782）

441. 木橑尺蛾 *Culcula panterinaria* Bremer & Grey，1855

442. 钩线青尺蛾 *Geometra dieckmanni* Graeser，1889

443. 尘尺蛾 *Hypomecis punctinalis*（Scopoli，1763）

444. 黄辐射尺蛾 *Iotaphora iridicolor*（Butler，1880）

445. 核桃四星尺蛾 *Ophthalmitis albosignaria*（Bremer & Grey，1853）

446. 雪尾尺蛾 *Ourapteryx nivea*（Butler，1883）

447. 柿星尺蛾 *Percnia giraffata*（Guenée，1857）

448. 苹烟尺蛾 *Phthonosema tendinosaria*（Bremer，1864）

449. 猫眼尺蛾 *Problepsis superans* Butler，1885

450. 槐尺蛾 *Semiothisa cinerearia* Bremer & Grey，1853

451. 菊四目绿尺蛾 *Thetidia albocostaria*（Bremer，1864）

（一一二）天蛾科 Sphingidae

452. 芝麻鬼脸天蛾 *Acherontia styx* Westwood，1847

453. 葡萄缺角天蛾 *Acosmeryx naga* Moore，1857

454. 黄脉天蛾 *Amorpha amurensis*（Staudinger，1892）

455. 葡萄天蛾 *Ampelophaga rubiginosa rubiginosa* Bremmer & Grey，1853

456. 榆绿天蛾 *Callambulyx tatarinovi* Bremer & Grey，1853

457. 平背天蛾 *Cechenena minor*（Butler，1875）

458. 豆天蛾 *Clanis bilineata tsingtauica* Mell，1922

459. 洋槐天蛾 *Clanis deucalion* Walker，1856

460. 红天蛾 *Deilephila elpenor* Linnaeus，1758

461. 绒星天蛾 *Dolbina tancrei* Staudinger，1887

462. 甘薯天蛾 *Herse convolvuli*（Linnaeus，1758）

463. 小豆长喙天蛾 *Macroglossum stellatarum* Linnaeus，1758

464. 枣桃六点天蛾 *Marumba gaschkewitschii* Bremer & Grey，1853

465. 栗六点天蛾 *Marumba sperchius* Ménéntriés，1857

466. 日本鹰翅天蛾 *Ambulyx japonica* Rothschild，1894

467. 构月天蛾 *Parum colligata* Walker，1856

468. 盾天蛾 *Phyllosphingia dissimilis* Bremer，1861

469. 霜天蛾 *Psilogramma menephron* Cramer，1780

470. 蒙古白肩天蛾 *Rhagastis mongoliana*（Butler，1876）

471. 杨目天蛾 *Smerinthus caecus* Ménétriés，1857

472. 曲线蓝目天蛾 *Smerinthus litulinea* Zhu & Wang，1997

473. 蓝目天蛾 *Smerinthus planus* Walker，1856

（一一三）舟蛾科 Notodontidae

474. 黑带二尾舟蛾 *Cerura felina*（Butler, 1877）

475. 银二星舟蛾 *Euhampsonia splendida*（Oberthür, 1881）

476. 锯齿星舟蛾 *Euhampsonia serratifera* Sugi, 1994

477. 栎纷舟蛾 *Fentonia ocypete*（Bremer, 1816）

478. 燕尾舟蛾 *Furcula furcula*（Clerck, 1759）

479. 角翅舟蛾 *Gonoclostera timonides* Bremer, 1861

480. 弯臂冠舟蛾 *Lophocosma nigrilinea*（Leech, 1899）

481. 仿白边舟蛾 *Paranerice hoenei* Kiriakoff, 1963

482. 窄掌舟蛾 *Phalera angustipennis* Matsumura, 1919

483. 栎掌舟蛾 *Phalera assimilis*（Bremer & Grey, 1852）

484. 高粱掌舟蛾 *Phalera combusta* Walker, 1855

485. 苹掌舟蛾 *Phalera flavescens*（Bremer & Grey, 1852）

486. 刺槐掌舟蛾 *Phalera grotei* Moore, 1859

487. 红羽舟蛾 *Pterostoma hoenei* Kiriakoff, 1963

488. 槐羽舟蛾 *Pterostoma sinicum* Moore, 1877

489. 沙舟蛾 *Shaka atrovittatus*（Bremer, 1861）

490. 丽金舟蛾 *Spatalia dives* Oberthür, 1884

491. 艳金舟蛾 *Spatalia doerriesi* Graeser, 1888

492. 核桃美舟蛾 *Uropyia meticulodina*（Oberthür, 1884）

（一一四）裳蛾科 Erebidae

493. 白毒蛾 *Arctornis l-nigrum*（Müller, 1764）

（一一五）灯蛾科 Arctiidae

494. 豹灯蛾 *Arctia caja*（Linnaeus, 1758）

495. 花布灯蛾 *Camptoloma interiorata* Walker, 1864

496. 白雪灯蛾 *Chionarctia nivea*（Ménétriés, 1859）

497. 点浑黄灯蛾 *Rhyparioides metelkana*（Lederer, 1861）

498. 净污灯蛾 *Spilarctia album*（Bremer & Grey, 1853）

499. 星白雪灯蛾 *Spilosoma menthastri*（Denis & Schiffermüller, 1775）

（一一六）苔蛾科 Lithosiidae

500. 血红雪苔蛾 *Cyana sanguinea* Bremer & Grey, 1852

501. 优雪苔蛾 *Cyana hamata*（Walker, 1854）

502. 异美苔蛾 *Miltochrista aberans* Butler, 1877

503. 松美苔蛾 *Miltochrista defecta*（Walker，1854）

504. 优美苔蛾 *Miltochrista striata*（Bremer & Grey，1852）

505. 之美苔蛾 *Miltochrista ziczac*（Walker，1856）

（一一七）夜蛾科 Noctuidae

506. 银纹夜蛾 *Ctenoplusia*（*Acanthoplusia*）*agnata*（Staudinger，1892）

507. 桑剑纹夜蛾 *Acronicta major* Bremer，1864

508. 梨剑纹夜蛾 *Acronicta rumicis* Linnaeus，1758

509. 小地老虎 *Agrotis ipsilon*（Hufnagel，1766）

510. 黄地老虎 *Agrotis segetum*（Denis & Schiffermüller，1775）

511. 大地老虎 *Agrotis tokionis* Butler，1881

512. 北奂夜蛾 *Amphipoea ussuriensis* Petersen，1914

513. 大红裙杂夜蛾 *Amphipyra monolitha* Guenée，1852

514. 紫黑杂夜蛾 *Amphipyra livida*（Denis & Schifffermüller，1775）

515. 小桥夜蛾 *Anomis flava*（Fabricius，1775）

516. 黑点丫纹夜蛾 *Autographa nigrisigna*（Walker，1857）

517. 畸夜蛾 *Borsippa quadrilineata* Walker，1858

518. 短栉夜蛾 *Brevipecten captata* Butler，1889

519. 白线散纹夜蛾 *Callopistria albolineola* Graeser，1888

520. 平嘴壶夜蛾 *Calyptra lata* Butler，1881

521. 客来夜蛾 *Chrysorithrum amata* Bremer & Grey，1852

522. 曲纹兜夜蛾 *Cosmia camptostigma* Ménétriés，1859

523. 三斑蕊夜蛾 *Cymatophotopsis trimaculata* Bremer，1861

524. 枯艳叶夜蛾 *Eudocima tyrannus*（Guenée，1852）

525. 红尺夜蛾 *Dierna timandra* Alphéraky，1897

526. 鼎点钻夜蛾 *Earias cupreoviridis*（Walker，1862）

527. 翠纹钻夜蛾 *Earias vittella*（Fabricius，1794）

528. 布光裳夜蛾 *Ephesia butleri* Leech，1900

529. 棉铃虫 *Helicoverpa armigera*（Hübner，1808）

530. 烟青虫 *Helicoverpa assulta*（Guenée，1852）

531. 豆髯须夜蛾 *Hypena tristalis* Lederer，1853

532. 鹰夜蛾 *Hypocala deflorata* Fabricius，1794

533. 苹梢鹰夜蛾 *Hypocala subsatura* Guenée，1852

534. 直影夜蛾 *Lygephila recta* Bremer，1864

535. 甘蓝夜蛾 *Mamestra brassicae* Linnaeus，1758

536. 银锭夜蛾 *Macdunnoughia crassisigna*（Warren，1913）

537. 淡银纹夜蛾 *Macdunnoughia purissima*（Butler，1878）

538. 缤夜蛾 *Moma alpium*（Osbeck，1778）

539. 苹刺裳夜蛾 *Catocala bella* Butler，1877

540. 基角狼夜蛾 *Ochropleura triangularis* Moore，1867

541. 太白胖夜蛾 *Orthogonia tapaishana* Draudt，1939

542. 点眉夜蛾 *Pangrapta vasava* Butler，1881

543. 大豆金斑蛾 *Plusia signata*（Fabricius，1794）

544. 粘虫 *Pseudaletia separata*（Walker，1865）

545. 丹日明夜蛾 *Sphragifera sigillata* Ménétriés，1859

546. 环夜蛾 *Spirama retorta* Clerck，1764

547. 甜菜夜蛾 *Spodoptera exigua*（Hübner，1808）

548. 斜纹夜蛾 *Spodoptera litura*（Fabricius，1775）

549. 庸肖毛翅夜蛾 *Thyas juno*（Dalman，1823）

550. 陌夜蛾 *Trachea atriplicis*（Linnaeus，1758）

551. 中金弧夜蛾 *Thysanoplusia intermixta*（Warren，1913）

552. 八字地老虎 *Xestia c-nigrum*（Linnaeus，1758）

（一一八）毒蛾科 Lymantriidae

553. 折带黄毒蛾 *Euproctis subflava* Bremer，1864

554. 榆黄足毒蛾 *Ivela ochropoda*（Eversmann，1847）

555. 雪毒蛾 *Leucoma salicis* Linnaeus，1758

556. 舞毒蛾 *Lymantria dispar* Linnaeus，1758

557. 古毒蛾 *Orgyia antiqua*（Linnaeus，1758）

558. 盗毒蛾 *Porthesia similis*（Fuessly，1775）

（一一九）弄蝶科 Hesperiidae

559. 直纹稻弄蝶 *Parnara guttata*（Bremer & Grey，1853）

560. 花弄蝶华南亚种 *Pyrgus maculatus bocki*（Oberthür，1912）

561. 黑弄蝶 *Daimio tethys*（Ménétriés，1857）

（一二〇）蛱蝶科 Nymphalidae

562. 柳紫闪蛱蝶 *Apatura ilia*（Denis & Schiffermüller，1775）

563. 绿豹蛱蝶 *Argynnis paphia*（Linnaeus，1758）

564. 斐豹蛱蝶 *Argyreus hyperbius*（Linnaeus，1763）

565. 老豹蛱蝶 *Argyronome laodice*（Pallas，1771）

566. 绿裙边翠蛱蝶 *Euthalia niepelti* Strand，1916

567. 琉璃蛱蝶 *Kaniska canace*（Linnaeus，1763）

568. 云豹蛱蝶 *Nephargynnis anadyomene*（Felder & Felder，1862）

569. 白钩蛱蝶 *Polygonia c-album*（Linnaeus，1758）

570. 黄钩蛱蝶 *Polygonia c-aureum*（Linnaeus，1758）

571. 二尾蛱蝶 *Polyura narcaea*（Hewitson，1854）

572. 猫蛱蝶 *Timelaea maculata*（Bremer & Grey，1853）

573. 小红蛱蝶 *Venessa cardui*（Linnaeus，1758）

574. 大红蛱蝶 *Vanessa indica*（Herbst，1794）

（一二一）眼蝶科 Satyridae

575. 牧女珍眼蝶 *Coenonympha amaryllis* Cramer，1782

576. 斗毛眼蝶 *Lasiommata deidamia*（Eversmann，1851）

577. 蛇眼蝶 *Minois dryas*（Scopoli，1763）

578. 东北矍眼蝶 *Ypthima argus* Butler，1878

579. 中华矍眼蝶 *Ypthima chinensis* Leech，1892

（一二二）灰蝶科 Lycaenidae

580. 琉璃灰蝶中国亚种 *Celastrina argiola caphis*（Fruhstofer，1922）

581. 北方蓝灰蝶 *Everes argiades hellotia*（Ménétriés，1857）

582. 黑灰蝶 *Niphanda fusca*（Bremer & Grey，1853）

583. 酢浆灰蝶 *Pseudozizeeria maha*（Kollar，1848）

584. 奥乌灰蝶 *Strymonidia ornata* Lempke，1955

（一二三）粉蝶科 Pieridae

585. 斑缘豆粉蝶 *Colias erate*（Esper，1805）

586. 橙黄豆粉蝶 *Colias fieldii* Ménétriés，1855

587. 暗脉菜粉蝶 *Pieris napi*（Linnaeus，1758）

588. 菜粉蝶 *Pieris rapae*（Linnaeus，1758）

589. 云粉蝶 *Pontia doplidice*（Linnaeus，1758）

（一二四）凤蝶科 Papilionidae

590. 碧凤蝶 *Papilio bianor* Cramer，1777

591. 玉带凤蝶 *Papilio polytes* Linnaeus，1758

592. 蓝凤蝶 *Papilio protenor* Cramer，1775

593. 柑橘凤蝶 *Papilio xuthus* Linnaeus，1767

594. 丝带凤蝶 *Sericinus montela* Gray，1798

（一二五）蚬蝶科 Riodinidae

595. 朴喙蝶 *Libythea celtis chinensis* Fruhstorfer，1909

十五、双翅目 Diptera

（一二六）蚊科 Culicidae

596. 刺扰伊蚊 *Aedes vexans*（Meigen，1830）

597. 羽鸟伊蚊 *Aedes hatorii* Yamada，1921

598. 日本伊蚊 *Aedes japonicus*（Theobald，1901）

599. 朝鲜伊蚊 *Aedes koreicus*（Edwards，1917）

600. 类雪伊蚊 *Aedes niveoides* Barraud，1934

601. 背点伊蚊 *Aedes dorsalis*（Meigen，1830）

602. 白纹伊蚊 *Aedes albopictus*（Skuse，1894）

603. 缘纹伊蚊 *Aedes galloisi* Yamada，1921

604. 林氏按蚊 *Anopheles lindesayi* Giles，1900

605. 中华按蚊 *Anopheles sinesis* Wiedemann，1828

606. 潘氏按蚊 *Anopheles pattoni* Christophers，1926

607. 骚扰阿蚊 *Armigeres subalbats*（Coquillett，1898）

608. 二带喙库蚊 *Culex bitaeniorhynchus* Giles，1901

609. 棕盾库蚊 *Culex jacksoni* Edwards，1934

610. 淡色库蚊 *Culex pipiens pallens* Coquillett，1898

611. 三带喙库蚊 *Culex tritaeniorhynchus* Giles，1901

（一二七）蚋科 Simuliidae

612. 黄毛纺蚋 *Simulium aureohirtum* Brunetti，1911

613. 双齿蚋 *Simulium bidentatum*（Shiraki，1935）

614. 鞍阳蚋 *Simulium ephippioiodum* Chen & Wen，1999

615. 河南纺蚋 *Simulium henanense* Wen，Wei & Chen，2007

616. 粗毛蚋 *Simulium hirtipannus* Puri，1932

617. 庄氏短蚋 *Simulium ornatum* Meigen，1818

618. 显著蚋 *Simulium prominentum* Chen & Zhang，2002

619. 黔蚋 *Simulium qianense* Chen & Chen, 2001

620. 五条蚋 *Simulium quinguestriatum* (Shiraki, 1935)

621. 柃木蚋 *Simulium suzukii* Rubtsov, 1963

622. 兴义蚋 *Simulium xingyiense* Chen & Zhang, 1998

623. 云台山蚋 *Simulium yuntainse* Chen, Wen & Wei, 2006

(一二八) 瘿蚊科 Cecidomyiidae

624. 高粱瘿蚊 *Contarinia sorghicola* (Coquillett, 1899)

625. 麦黄吸浆虫 *Contarinia tritici* (Kirby, 1798)

626. 柳芽瘿蚊 *Rhabdophaga rosaria* (H. Loew, 1850)

627. 麦红吸浆虫 *Sitodiplosis mosellana* (Géhin, 1857)

(一二九) 虻科 Tabanidae

628. 四列黄虻 *Atylotus quadrifarius* (Loew, 1874)

629. 密斑虻 *Chrysops suavis* Loew, 1858

630. 白条瘤虻 *Hybomitra erberi* (Brauer, 1880)

631. 华虻 *Tabanus mandarinus* Schiner, 1868

632. 三重虻 *Tabanus trigeminus* Coquillett, 1898

(一三〇) 水虻科 Stratiomyidae

633. 平山水虻 *Odontomyia hirayamae* Matsumura, 1916

634. 舟山水虻 *Ptecticus similes* Williston, 1885

635. 后架水虻 *Ptecticus tenebrifer* (Walker, 1849)

(一三一) 窗虻科 Scenopinidae

636. 窗虻 *Scenopinus fenestralis* (Linnaeus, 1758)

(一三二) 食虫虻科 Asilidae

637. 长须食虫虻 *Ceraturgus kawamurae* Matsumura, 1916

638. 长脚食虫虻 *Dasypogon japonicum* Bigot, 1878

639. 细腹食虫虻 *Dioctria nakanensis* Matsumura, 1916

640. 姬白带食虫虻 *Lasiopogon cinctus* (Fabricius, 1781)

641. 箕面细腹食虫虻 *Leptogaster minomoensis* Matsumura, 1916

642. 中国羽角食虫虻 *Cophinopoda chinensis* (Fabricius, 1794)

643. 大食虫虻 *Promachus yesonicus* Bigot, 1887

(一三三) 蜂虻科 Bombyliidae

644. 山城乌蜂虻 *Anthax yamashiroensis* Matsumura, 1916

645. 新渡户细腹长吻虻 *Systropus nitobei* Matsumura，1916

646. 铃木细腹长吻虻 *Systropus suzukii* Matsumura，1916

（一三四）头蝇科 Pipunculidae

647. 电光叶蝉头蝇 *Tomosvaryella inazumae*（Koizumi，1960）

648. 黑尾叶蝉头蝇 *Tomosvaryella oryzaetora* Koizumi，1959

649. 林栖头蝇 *Tomosvaryella sylvatica*（Meigen，1824）

（一三五）食蚜蝇科 Syrphidae

650. 黑带细腹食蚜蝇 *Episyrphus balteatus*（de Geer，1842）

651. 短腹管蚜蝇 *Eristalis arbustorum*（Linnaeus，1758）

652. 长尾管蚜蝇 *Eristalis tenax*（Linnaeus，1758）

653. 短刺刺腿食蚜蝇 *Ischiodon scutallaris*（Fabricius，1805）

654. 梯斑墨蚜蝇 *Melanostoma scalare*（Fabricius，1794）

655. 大灰后食蚜蝇 *Metasyrphus corollae*（Fabricius，1794）

656. 四条小食蚜蝇 *Paragus quadrifasciatus* Meigen，1822

657. 刻点小食蚜蝇 *Paragus tibialis*（Fallén，1817）

658. 斜斑鼓额食蚜蝇 *Scaeva pyrastri*（Linnaeus，1758）

659. 短翅细腹食蚜蝇 *Sphaerophoria scripta*（Linnaeus，1758）

（一三六）粪蝇科 Scathophagidae

660. 小黄粪蝇 *Scathophaga stercoraria*（Linnaeus，1758）

（一三七）花蝇科 Anthomyiidae

661. 粪种蝇 *Adia cinerella*（Fallén，1825）

662. 横带花蝇 *Anthomyia illocata* Walker，1856

663. 毛尾地种蝇 *Delia planipalpis*（Stein，1898）

664. 灰地种蝇 *Delia platura*（Meigen，1826）

665. 四条泉蝇 *Pegomya quadrivittata*（Karl，1935）

（一三八）蝇科 Muscidae

666. 铜腹重毫蝇 *Dichaetomyia bibax*（Wiedemann，1830）

667. 东方角蝇 *Haematobia exigua* Meijere，1903

668. 骚血喙蝇 *Haematobosca perturbans*（Bezzi，1907）

669. 刺血喙蝇 *Haematobosca sanguinolenta*（Austen，1909）

670. 暗额齿股蝇 *Hydrotaea obscurifrons*（Sabrosky，1949）

671. 园莫蝇 *Morellia hortensia*（Wiedemann，1824）

672. 逐畜家蝇 *Musca conducens* Walker，1859

673. 家蝇 *Musca domestica* Linnaeus，1758

674. 黑边家蝇 *Musca hervei* Villeneuve，1922

675. 狭额腐蝇 *Muscina angustifrons*（Loew，1858）

676. 日本腐蝇 *Muscina japonica* Shinonaga，1974

677. 牧场腐蝇 *Muscina pascuorum*（Meigen，1826）

678. 厩腐蝇 *Muscina stabulans*（Fallén，1817）

679. 厩螫蝇 *Stomoxys calcitrans*（Linnaeus，1758）

680. 印度螫蝇 *Stomoxys indicus* Picard，1908

681. 夏厕蝇 *Fannia canicularis*（Linnaeus，1761）

682. 瘤胫厕蝇 *Fannia scalaris*（Fabricius，1794）

（一三九）丽蝇科 Calliphoridae

683. 巨尾阿丽蝇 *Aldrichina grahami*（Aldrich，1930）

684. 红头丽蝇 *Calliphora vicina* Robineau-Desvoidy，1830

685. 反吐丽蝇 *Calliphora vomitoria*（Linnaeus，1758）

686. 广额金蝇 *Chrysomya phaonis*（Séguy，1928）

687. 肥躯金蝇 *Chrysomya pinguis*（Walker，1858）

688. 紫绿蝇 *Lucilia porphyrina*（Walker，1856）

689. 丝光绿蝇 *Lucilia sericata*（Meigen，1826）

690. 沈阳绿蝇 *Lucilia shenyangensis* Fan，1965

691. 蒙古拟粉蝇 *Polleniopsis mongolica* Seguy，1928

692. 异色口鼻蝇 *Stomorhina discolor*（Fabricius，1794）

（一四〇）麻蝇科 Sarcophagidae

693. 红尾粪麻蝇 *Bercaea cruentata*（Meigen，1826）

694. 棕尾别麻蝇 *Boettcherisca peregrina*（Robineau-Desvoidy，1830）

695. 黑尾黑麻蝇 *Helicophagella melanura*（Meigen，1826）

696. 华北亚麻蝇 *Parasarcophaga angarosinica* Rohdendorf，1937

697. 短角亚麻蝇 *Sarcophaga brevicornis* Ho，1934

698. 肥须亚麻蝇 *Parasarcophaga crassipalpis* Chao & Zhang，1982

699. 多突亚麻蝇 *Sarcophaga polystylata* Ho，1934

700. 野亚麻蝇 *Parasarcophaga similes*（Meade，1876）

701. 结节亚麻蝇 *Parasarcophaga tuberose*（Pandellé，1896）

702. 小曲麻蝇 *Phallocheira minor* Rohdendorf，1937

703. 上海细麻蝇 *Sarcophaga ugamskii*（Rohdendorf，1937）

704. 红尾拉麻蝇 *Ravinia striata*（Fabricius，1794）

（一四一）寄蝇科 Tachinidae

705. 伞裙追寄蝇 *Exorista civilis*（Rondani，1859）

706. 玉米螟厉寄蝇 *Lydella grisescens* Robineau-Desvoidy，1830

707. 筒须新怯寄蝇 *Neophryxe psychidis* Townsend，1916

708. 稻苞虫赛寄蝇 *Pseudoperichaeta nigrolineata*（Walker，1853）

（一四二）潜蝇科 Agromyzidae

709. 东方麦潜蝇 *Agromyza yanonis*（Matsumura，1916）

710. 美洲斑潜蝇 *Liriomyza sutivae* Blanchard，1938

711. 豌豆植潜蝇 *Phytomyza horticola* Goureau，1851

712. 麦植潜蝇 *Phytomyza nigra*（Meigen，1830）

十六、蚤目 Siphonaptera

（一四三）蚤科 Pulicidae

713. 猫栉首蚤指名亚种 *Ctenocephalides felis felis*（Bouché，1835）

714. 人蚤 *Pulex irritans* Linnaeus，1758

715. 印鼠客蚤 *Xenopsylla cheopis*（Rothschild，1903）

（一四四）角叶蚤科 Ceratophyllidae

716. 不等单蚤 *Monopsylla anisus* Rothschild，1907

（一四五）细蚤科 Leptopsyllidae

717. 缓慢细蚤 *Leptopsylla segnis*（Schönherr，1811）

十七、膜翅目 Hymenoptera

（一四六）叶蜂科 Tenthredinidae

718. 麦叶蜂 *Dolerus tritici* Chu，1949

（一四七）茎蜂科 Cephidae

719. 麦茎蜂 *Cephus pygmaeus*（Linnaeus，1767）

720. 梨简脉茎蜂 *Janus piri* Okamoto & Muramatsu，1925

（一四八）树蜂科 Siricidae

721. 黑顶树蜂 *Tremex apicalis* Matsumura，1912

（一四九）姬蜂科 Ichneumonidae

722. 稻苞虫阿格姬蜂 *Agrypon japonicum* Uchida，1928

723. 负泥虫沟姬蜂 *Bathythrix kuwanae* Viereck，1912
724. 棉铃虫齿唇姬蜂 *Campoletis chlorideae* Uchida，1957
725. 螟蛉悬茧姬蜂 *Charops bicolor*（Szepligeti，1906）
726. 紫绿姬蜂 *Chlorocryptus purpuratus*（Smith，1852）
727. 满点黑瘤姬蜂 *Coccygomimus aethiops*（Curtis，1828）
728. 舞毒蛾黑瘤姬蜂 *Coccygomimus disparis*（Viereck，1911）
729. 台湾弯尾姬蜂 *Diadegma akoensis*（Shiraki，1917）
730. 花胫蚜蝇姬蜂 *Diplazon laetatorius*（Fabricius，1781）
731. 桑蟥聚瘤姬蜂 *Gregopimpla kuwanae*（Viereck，1912）
732. 黑尾姬蜂 *Ischnojoppa luteator*（Fabricius，1798）
733. 盘背菱室姬蜂 *Mesochorus discitergus*（Say，1835）
734. 甘蓝夜蛾拟瘦姬蜂 *Netelia ocellaris*（Thomson，1888）
735. 夜蛾瘦姬蜂 *Ophion luteus*（Linnaeus，1758）
736. 中华齿腿姬蜂 *Pristomerus chinensis* Ashmead，1906
737. 蓑瘤姬蜂索氏亚种 *Sericopimpla sagrae sauteri*（Cushman，1933）
738. 螟黄抱缘姬蜂 *Temelucha biguttula*（Munakata，1910）
739. 黄框离缘姬蜂 *Trathala flavoorbitalis*（Cameron，1907）
740. 粘虫白星姬蜂 *Vulgichneumon leucaniae*（Uchida，1924）
741. 广黑点瘤姬蜂 *Xanthopimpla punctata*（Fabricius，1781）

（一五〇）茧蜂科 Braconidae

742. 稻纵卷叶螟绒茧蜂 *Apanteles cypris* Nixon，1965
743. 黄胸茧蜂 *Bracon isomera*（Cushman，1931）
744. 黑胸茧蜂 *Bracon nigrorufum*（Cushman，1931）
745. 螟黑纹茧蜂 *Bracon onukii* Watanabe，1932
746. 螟甲腹茧蜂 *Chelonus munakatae* Munakata，1912
747. 红铃虫甲腹茧蜂 *Chelonus pectinophorae* Cushman，1931
748. 菜粉蝶盘绒茧蜂 *Cotesia glomeratus*（Linnaeus，1758）
749. 螟蛉盘绒茧蜂 *Cotesia ruficrus*（Haliday，1834）
750. 瓢虫茧蜂 *Dinocampus coccinellae*（Schrank，1802）
751. 弄蝶长绒茧蜂 *Dolichogenidea baoris*（Wilkinson，1930）
752. 枯叶蛾雕绒茧蜂 *Glyptapanteles liparidis*（Bouché，1834）
753. 麦蛾柔茧蜂 *Habrobracon hebetor*（Say，1836）

754. 腰带长体茧蜂 *Macrocentrus cingulum* Brischke, 1882

755. 渡边长体茧蜂 *Macrocentrus watanabei* van Achterberg, 1993

756. 斑痣悬茧蜂 *Meteorus pulchricornis* (Wesmael, 1835)

757. 黄愈腹茧蜂 *Phanerotoma flava* Ashmead, 1906

（一五一）蚜茧蜂科 Aphidiidae

758. 烟蚜茧蜂 *Aphidius gifuensis* Ashmead, 1906

（一五二）小蜂科 Chalcididae

759. 无脊大腿小蜂 *Brachymeria excarinata* Gahan, 1925

760. 寄蝇大腿小蜂 *Brachymeria fiskei* (Crawford, 1910)

761. 广大腿小蜂 *Brachymeria lasus* (Walker, 1841)

762. 红腿大腿小蜂 *Brachymeria podagrica* (Fabricius, 1787)

763. 次生大腿小蜂 *Brachymeria secundaria* (Ruschka, 1922)

（一五三）长尾小蜂科 Torymidae

764. 中华螳小蜂 *Podagrion chinensis* Ishii, 1932

（一五四）广肩小蜂科 Eurytomidae

765. 刺蛾广肩小蜂 *Eurytoma monemae* Ruschka, 1918

766. 刺槐种子小蜂 *Bruchophagus philorobinae* Liao, 1979

767. 黄连木种子小蜂 *Eurytoma plotnikovi* Nikolskaya, 1934

（一五五）金小蜂科 Pteromalidae

768. 蚜茧蜂金小蜂 *Asaphes vulgaris* Walker, 1834

769. 蚜虫宽缘金小蜂 *Pachyneuron aphidis* (Bouché, 1834)

770. 凤蝶金小蜂 *Pteromalus puparum* (Linnaeus, 1758)

771. 绒茧灿金小蜂 *Trichomalopsis apanteloctenus* (Crawford, 1911)

（一五六）跳小蜂科 Encyrtidae

772. 绵蚧阔柄跳小蜂 *Metaphycus pulvinariae* (Howard, 1881)

（一五七）姬小蜂科 Eulophidae

773. 稻苞虫柄腹姬小蜂 *Pediobius mitsukurii* (Ashmead, 1904)

（一五八）纹翅小蜂科 Trichogrammatidae

774. 螟黄赤眼蜂 *Trichogramma chilonis* Ishii, 1941

775. 舟蛾赤眼蜂 *Trichogramma closterae* Pang & Chen, 1974

776. 松毛虫赤眼蜂 *Trichogramma dendrolimi* Matsumura, 1926

777. 玉米螟赤眼蜂 *Trichogramma ostriniae* Pang & Chen, 1974

（一五九）褶翅小蜂科 Leucospidae

778. 日本褶翅小蜂 *Leucospis japonica* Walker，1871

（一六〇）分盾细蜂科 Ceraphronidae

779. 菲岛分盾细蜂 *Ceraphron manilae*（Ashmead，1904）

（一六一）缘腹细蜂科 Scelionidae

780. 飞蝗黑卵蜂 *Scelio uvarovi* Ogloblin，1927

781. 草蛉黑卵蜂 *Telenomus acrobates* Giard，1895

782. 杨扇舟蛾黑卵蜂 *Telenomus closterae* Wu & Chen，1980

783. 麦蚜茧蜂 *Ephedrus plagiator*（Nees，1811）

（一六二）肿腿蜂科 Bethylidae

784. 管氏硬皮肿腿蜂 *Sclerodermus guani* Xiao & Wu，1983

（一六三）螯蜂科 Dryinidae

785. 布氏螯蜂 *Dryinus browni* Ashmead，1905

（一六四）青蜂科 Chrysididae

786. 上海青蜂 *Praestochrysis shanghaiensis*（Smith，1874）

（一六五）泥蜂科 Sphecidae

787. 红腰泥蜂 *Ammophila aemulans* Kohl，1901

788. 朝鲜沙蜂 *Bembix niponica* Smith，1873

789. 琉璃泥蜂 *Sceliphron inflexum* Sickmann，1894

790. 黄腰泥蜂 *Sceliphron tubifex*（Latreille，1809）

791. 黑足泥蜂 *Sphex umbrosus* Christ，1791

（一六六）土蜂科 Scoliidae

792. 白毛长腹土蜂 *Campsomeris annulata*（Fabricius，1793）

793. 黑长腹土蜂 *Campsomeris schulthessi* Betrem，1928

794. 大斑土蜂 *Scolia clypeata* Sickman，1894

795. 日本土蜂 *Scolia japonica* Smith，1873

796. 四点土蜂 *Scolia quadripunctata* Fabricius，1775

（一六七）蛛蜂科 Pompilidae

797. 黄条蛛蜂 *Batozonellus lacerticida*（Pallas，1771）

798. 斑额带纹蛛蜂 *Batozonellus maculifrons*（Smith，1873）

799. 傲埃皮蛛蜂 *Episyron arrogans*（Smith，1873）

800. 赤腰蛛蜂 *Pompilus reffexus* Smith，1873

（一六八）蜾蠃科 Eumenidae

801. 大桦沟蜾蠃 *Ancistrocerus fukaianus*（Schulthess，1913）

802. 镶黄蜾蠃 *Oreumenes decoratus*（Smith，1852）

803. 孪蜾蠃 *Eumenes fraterculus* Dalla Torre，1894

804. 米蜾蠃 *Eumenes micado* Cameron，1904

805. 方蜾蠃 *Eumenes quadratus* Smith，1852

806. 四带佳盾蜾蠃 *Euodynerus quatrifasciatus*（Fabricius，1793）

807. 三叶佳盾蜾蠃 *Euodynerus trilobus*（Fabricius，1787）

（一六九）胡蜂科 Vespidae

808. 黄边胡蜂 *Vespa crabro* Linnaeus，1758

809. 墨胸胡蜂 *Vespa velutina nigrithorax* Buysson，1905

810. 北方黄胡蜂 *Vespula rufa*（Linnaeus，1758）

811. 印度侧异腹胡蜂 *Parapolybia indica indica*（Saussure，1854）

812. 变侧异腹胡蜂 *Parapolybia varia*（Fabricius，1787）

（一七〇）马蜂科 Polistidae

813. 角马蜂 *Polistes chinensis antennalis* Perez，1905

814. 果马蜂 *Polistes olivaceus*（de Geer.，1773）

（一七一）蜜蜂科 Apidae

815. 中华蜜蜂 *Apis cerana* Fabricius，1793

816. 意大利蜜蜂 *Apis mellifera* Linnaeus，1758

8.2 非昆虫纲节肢动物门物种名录

基于实地调查并结合文献资料（许人和 等，1994；Chen et al.，2010；申效诚 等，2013；肖能文 等，2023），该地区非昆虫纲的节肢动物门包括蛛形纲、倍足纲、唇足纲和软甲纲，共计 8 目 8 科 9 属 11 种。

一、蛛形纲 Arachnida

（一）蝎目 Scorpiones 钳蝎科 Buthidae

1. 马氏正钳蝎 *Mesobuthus martensii*（Karsch，1879）

（二）蜘蛛目 Araneae 园蛛科 Araneidae

2. 大腹园蛛 *Araneus ventricosus*（Koch，1878）

（三）真蜱目 Ixodida 软蜱科 Agrasidae

3. 塔氏钝缘蜱 *Ornithodoros tartakovskyi* Olenev，1931

4. 多氏钝缘蜱 *Ornithodoros tholozani* Laboulbène & Mégnin，1882

（四）真蜱目 Ixodida 硬蜱科 Ixodidae

5. 长脚血蜱 *Haemaphysalis longicornis* Neumann，1901

6. 嗜群血蜱 *Haemaphysalis concinna* Koch，1844

二、倍足纲 Diplopoda

（五）山蛩目 Spirobolida 山蛩科 Spirobolidae

7. 约安巨马陆 *Spirobolus bungii* Brandt，1833

8. 圆带马陆 *Orthomorpha coarctata*（Saussure，1860）

三、唇足纲 Chilopoda

（六）蜈蚣目 Scolopendromorpha 蜈蚣科 Scolopendridae

9. 少棘蜈蚣 *Scolopendra subspinipes* Leach，1815

（七）蚰蜒目 Scutigeromorpha 蚰蜒科 Scutigeridae

10. 大蚰蜒 *Thereuopoda clunifera* Wood，1862

四、软甲纲 Malacostraca

（八）等足目 Isopoda 鼠妇科 Porcellionidae

11. 平甲鼠妇 *Porcellio scaber* Latreille，1804

8.3 非节肢动物门无脊椎动物物种名录

经实地调查，参照生物物种名录（https://www.catalogueoflife.org/）分类系统，共计扁形动物门 1 科 1 种、线虫动物门 1 科 1 种、线形动物门 1 科 1 种、环节动物门 1 科 2 种和软体动物门 3 科 3 种。

一、扁形动物门 Platyhelminthes

（一）涡虫纲 Turbellaia 三肠目 Tricladida 笄蛭科 Bipaliinae

1. 笄蛭涡虫 *Bipalium kewense* Moseley，1878

二、线虫动物门 Nematoda

（二）线虫纲 Nematoda 小杆目 Rhabditida 蛔虫科 Ascarididae

2. 人蛔虫 *Ascaris lumbricoides* Linnaeus，1758

三、线形动物门 Nematomorpha

（三）铁线虫纲 Gordioida 铁线虫目 Gordioidea 铁线虫科 Gordiidae

3. 铁线虫 *Gordius aquaticus* Linnaeus，1758

四、环节动物门 Annelida

（四）寡毛纲 Oligochaeta 后孔寡毛目 Opisthopora 巨蚓科 Megascolecidae

4. 湖北远盲蚓 *Amynthas hupeiensis*（Michaelsen，1895）

5. 直隶腔蚓 *Metaphire tschiliensis*（Michaelsen，1928）

五、软体动物门 Mollusca

（五）腹足纲 Gastropoda 基眼目 Basommatophora 椎实螺科 Lymnaeidae

6. 静水椎实螺 *Lymnaea stagnalis*（Linnaeus，1758）

（六）腹足纲 Gastropoda 基眼目 Basommatophora 扁卷螺科 Planorbidae

7. 扁卷螺 *Hippeutis umbilicalis cantori*（W. H. Benson，1850）

（七）腹足纲 Gastropoda 柄眼目 Stylommatophora 坚齿螺科 Camaenidae

8. 条华蜗牛 *Cathaica fasciola*（Draparnaud，1801）

主要参考文献

蔡邦华，2015. 昆虫分类学（修订版）[M]. 北京：化学工业出版社．

申效诚，赵永谦，2002. 河南昆虫分类区系研究 第五卷 太行山及桐柏山昆虫. 北京：中国农业科学技术出版社．

申效诚，张保石，张峰，2013. 世界蜘蛛的分布格局及其多元相似性聚类分析 [J]. 生态学报，33（21）：6795-6802.

宋朝枢，瞿文元，1996. 太行山猕猴自然保护区科学考察集 [M]. 北京：中国林业出版社．

肖能文，徐芹，高晓奇，等，2023. 中国蚯蚓 [M]. 北京：科学出版社．

许人和，和振武，李学真，1994. 河南省陆栖寡毛类调查 [M]. 河南师范大学学报（自然科学版），22（1）：63-65.

叶永忠，路纪琪，赵利新，2015. 河南太行山猕猴国家级自然保护区（焦作段）科学考察集 [M]. 郑州：河南科学技术出版社．

张传敏，2022. 太行山猕猴自然保护区（济源段）昆虫多样性初步研究 [D]. 郑州：郑州大学．

CHEN Z, YANG X J, BU F J, et al, 2010. Ticks（Acari: Ixodoidea: Argasidae, Ixodidae）of China [J]. Experimental and Applied Acarology, 51（4）：393-404.

附录 1

中华人民共和国野生动物保护法

第一章 总　则

第一条　为了保护野生动物，拯救珍贵、濒危野生动物，维护生物多样性和生态平衡，推进生态文明建设，促进人与自然和谐共生，制定本法。

第二条　在中华人民共和国领域及管辖的其他海域，从事野生动物保护及相关活动，适用本法。

本法规定保护的野生动物，是指珍贵、濒危的陆生、水生野生动物和有重要生态、科学、社会价值的陆生野生动物。

本法规定的野生动物及其制品，是指野生动物的整体（含卵、蛋）、部分及衍生物。

珍贵、濒危的水生野生动物以外的其他水生野生动物的保护，适用《中华人民共和国渔业法》等有关法律的规定。

第三条　野生动物资源属于国家所有。

国家保障依法从事野生动物科学研究、人工繁育等保护及相关活动的组织和个人的合法权益。

第四条　国家加强重要生态系统保护和修复，对野生动物实行保护优先、规范利用、严格监管的原则，鼓励和支持开展野生动物科学研究与应用，秉持生态文明理念，推动绿色发展。

第五条　国家保护野生动物及其栖息地。县级以上人民政府应当制定野生动物及其栖息地相关保护规划和措施，并将野生动物保护经费纳入预算。

国家鼓励公民、法人和其他组织依法通过捐赠、资助、志愿服务等方式参与野生动物保护活动，支持野生动物保护公益事业。

本法规定的野生动物栖息地，是指野生动物野外种群生息繁衍的重要区域。

第六条　任何组织和个人有保护野生动物及其栖息地的义务。禁止违法猎捕、运输、交易野生动物，禁止破坏野生动物栖息地。

社会公众应当增强保护野生动物和维护公共卫生安全的意识，防止野生动物源性传染病传播，抵制违法食用野生动物，养成文明健康的生活方式。

任何组织和个人有权举报违反本法的行为，接到举报的县级以上人民政府野生动物保护主管部门和其他有关部门应当及时依法处理。

第七条　国务院林业草原、渔业主管部门分别主管全国陆生、水生野生动物保护工作。

县级以上地方人民政府对本行政区域内野生动物保护工作负责，其林业草原、渔业主管部门分别主管本行政区域内陆生、水生野生动物保护工作。

县级以上人民政府有关部门按照职责分工，负责野生动物保护相关工作。

第八条 各级人民政府应当加强野生动物保护的宣传教育和科学知识普及工作，鼓励和支持基层群众性自治组织、社会组织、企业事业单位、志愿者开展野生动物保护法律法规、生态保护等知识的宣传活动；组织开展对相关从业人员法律法规和专业知识培训；依法公开野生动物保护和管理信息。

教育行政部门、学校应当对学生进行野生动物保护知识教育。

新闻媒体应当开展野生动物保护法律法规和保护知识的宣传，并依法对违法行为进行舆论监督。

第九条 在野生动物保护和科学研究方面成绩显著的组织和个人，由县级以上人民政府按照国家有关规定给予表彰和奖励。

第二章 野生动物及其栖息地保护

第十条 国家对野生动物实行分类分级保护。

国家对珍贵、濒危的野生动物实行重点保护。国家重点保护的野生动物分为一级保护野生动物和二级保护野生动物。国家重点保护野生动物名录，由国务院野生动物保护主管部门组织科学论证评估后，报国务院批准公布。

有重要生态、科学、社会价值的陆生野生动物名录，由国务院野生动物保护主管部门征求国务院农业农村、自然资源、科学技术、生态环境、卫生健康等部门意见，组织科学论证评估后制定并公布。

地方重点保护野生动物，是指国家重点保护野生动物以外，由省、自治区、直辖市重点保护的野生动物。地方重点保护野生动物名录，由省、自治区、直辖市人民政府组织科学论证评估，征求国务院野生动物保护主管部门意见后制定、公布。

对本条规定的名录，应当每五年组织科学论证评估，根据论证评估情况进行调整，也可以根据野生动物保护的实际需要及时进行调整。

第十一条 县级以上人民政府野生动物保护主管部门应当加强信息技术应用，定期组织或者委托有关科学研究机构对野生动物及其栖息地状况进行调查、监测和评估，建立健全野生动物及其栖息地档案。

对野生动物及其栖息地状况的调查、监测和评估应当包括下列内容：

（一）野生动物野外分布区域、种群数量及结构；

（二）野生动物栖息地的面积、生态状况；

（三）野生动物及其栖息地的主要威胁因素；

（四）野生动物人工繁育情况等其他需要调查、监测和评估的内容。

第十二条 国务院野生动物保护主管部门应当会同国务院有关部门，根据野生动物及其栖息地状况的调查、监测和评估结果，确定并发布野生动物重要栖息地名录。

省级以上人民政府依法将野生动物重要栖息地划入国家公园、自然保护区等自然保护地，保护、恢复和改善野生动物生存环境。对不具备划定自然保护地条件的，县级以上人民政府可以采取划定禁猎（渔）区、规定禁猎（渔）期等措施予以保护。

禁止或者限制在自然保护地内引入外来物种、营造单一纯林、过量施洒农药等人为干扰、威胁野生动物生息繁衍的行为。

自然保护地依照有关法律法规的规定划定和管理，野生动物保护主管部门依法加强对野生动物及其栖息地的保护。

第十三条　县级以上人民政府及其有关部门在编制有关开发利用规划时，应当充分考虑野生动物及其栖息地保护的需要，分析、预测和评估规划实施可能对野生动物及其栖息地保护产生的整体影响，避免或者减少规划实施可能造成的不利后果。

禁止在自然保护地建设法律法规规定不得建设的项目。机场、铁路、公路、航道、水利水电、风电、光伏发电、围堰、围填海等建设项目的选址选线，应当避让自然保护地以及其他野生动物重要栖息地、迁徙洄游通道；确实无法避让的，应当采取修建野生动物通道、过鱼设施等措施，消除或者减少对野生动物的不利影响。

建设项目可能对自然保护地以及其他野生动物重要栖息地、迁徙洄游通道产生影响的，环境影响评价文件的审批部门在审批环境影响评价文件时，涉及国家重点保护野生动物的，应当征求国务院野生动物保护主管部门意见；涉及地方重点保护野生动物的，应当征求省、自治区、直辖市人民政府野生动物保护主管部门意见。

第十四条　各级野生动物保护主管部门应当监测环境对野生动物的影响，发现环境影响对野生动物造成危害时，应当会同有关部门及时进行调查处理。

第十五条　国家重点保护野生动物和有重要生态、科学、社会价值的陆生野生动物或者地方重点保护野生动物受到自然灾害、重大环境污染事故等突发事件威胁时，当地人民政府应当及时采取应急救助措施。

国家加强野生动物收容救护能力建设。县级以上人民政府野生动物保护主管部门应当按照国家有关规定组织开展野生动物收容救护工作，加强对社会组织开展野生动物收容救护工作的规范和指导。

收容救护机构应当根据野生动物收容救护的实际需要，建立收容救护场所，配备相应的专业技术人员、救护工具、设备和药品等。

禁止以野生动物收容救护为名买卖野生动物及其制品。

第十六条　野生动物疫源疫病监测、检疫和与人畜共患传染病有关的动物传染病的防治管理，适用《中华人民共和国动物防疫法》等有关法律法规的规定。

第十七条　国家加强对野生动物遗传资源的保护，对濒危野生动物实施抢救性保护。

国务院野生动物保护主管部门应当会同国务院有关部门制定有关野生动物遗传资源保护和利用规划，建立国家野生动物遗传资源基因库，对原产我国的珍贵、濒危野生动物遗传资源实行重点保护。

第十八条　有关地方人民政府应当根据实际情况和需要建设隔离防护设施、设置安全警示标志等，预防野生动物可能造成的危害。

县级以上人民政府野生动物保护主管部门根据野生动物及其栖息地调查、监测和评估情况，对种群数量明显超过环境容量的物种，可以采取迁地保护、猎捕等种群调控措施，保障人身财产安全、生态安全和农业生产。对种群调控猎捕的野生动物按照国家有关规定进行处理和综合利用。种群调控的具体办法由国务院野生动物保护主管部门会同国务院有关部门制定。

第十九条　因保护本法规定保护的野生动物，造成人员伤亡、农作物或者其他财产损失的，由当地人民政府给予补偿。具体办法由省、自治区、直辖市人民政府制定。有关地方人民政府可以推动保险机构开展野生动物致害赔偿保险业务。

有关地方人民政府采取预防、控制国家重点保护野生动物和其他致害严重的陆生野生动物造成危害的措施以及实行补偿所需经费，由中央财政予以补助。具体办法由国务院财政部门会同国务院野生动物保护主管部门制定。

在野生动物危及人身安全的紧急情况下，采取措施造成野生动物损害的，依法不承担法律责任。

第三章　野生动物管理

第二十条　在自然保护地和禁猎（渔）区、禁猎（渔）期内，禁止猎捕以及其他妨碍野生动物生息繁衍的活动，但法律法规另有规定的除外。

野生动物迁徙洄游期间，在前款规定区域外的迁徙洄游通道内，禁止猎捕并严格限制其他妨碍野生动物生息繁衍的活动。县级以上人民政府或者其野生动物保护主管部门应当规定并公布迁徙洄游通道的范围以及妨碍野生动物生息繁衍活动的内容。

第二十一条　禁止猎捕、杀害国家重点保护野生动物。

因科学研究、种群调控、疫源疫病监测或者其他特殊情况，需要猎捕国家一级保护野生动物的，应当向国务院野生动物保护主管部门申请特许猎捕证；需要猎捕国家二级保护野生动物的，应当向省、自治区、直辖市人民政府野生动物保护主管部门申请特许猎捕证。

第二十二条　猎捕有重要生态、科学、社会价值的陆生野生动物和地方重点保护野生动物的，应当依法取得县级以上地方人民政府野生动物保护主管部门核发的狩猎证，并服从猎捕量限额管理。

第二十三条　猎捕者应当严格按照特许猎捕证、狩猎证规定的种类、数量或者限额、地点、工具、方法和期限进行猎捕。猎捕作业完成后，应当将猎捕情况向核发特许猎捕证、狩猎证的野生动物保护主管部门备案。具体办法由国务院野生动物保护主管部门制定。猎捕国家重点保护野生动物应当由专业机构和人员承担；猎捕有重要生态、科学、社会价值的陆生野生动物，有条件的地方可以由专业机构有组织开展。

持枪猎捕的，应当依法取得公安机关核发的持枪证。

第二十四条　禁止使用毒药、爆炸物、电击或者电子诱捕装置以及猎套、猎夹、捕鸟网、地枪、排铳等工具进行猎捕，禁止使用夜间照明行猎、歼灭性围猎、捣毁巢穴、火攻、烟熏、网捕等方法进行猎捕，但因物种保护、科学研究确需网捕、电子诱捕以及植保作业等除外。

前款规定以外的禁止使用的猎捕工具和方法，由县级以上地方人民政府规定并公布。

第二十五条　人工繁育野生动物实行分类分级管理，严格保护和科学利用野生动物资源。国家支持有关科学研究机构因物种保护目的人工繁育国家重点保护野生动物。

人工繁育国家重点保护野生动物实行许可制度。人工繁育国家重点保护野生动物的，应当经省、自治区、直辖市人民政府野生动物保护主管部门批准，取得人工繁育许可证，但国务院对批准机关另有规定的除外。

人工繁育有重要生态、科学、社会价值的陆生野生动物的，应当向县级人民政府野生动物保护主管部门备案。

人工繁育野生动物应当使用人工繁育子代种源，建立物种系谱、繁育档案和个体数据。因物种保护目的确需采用野外种源的，应当遵守本法有关猎捕野生动物的规定。

本法所称人工繁育子代，是指人工控制条件下繁殖出生的子代个体且其亲本也在人工控制条件下出生。

人工繁育野生动物的具体管理办法由国务院野生动物保护主管部门制定。

第二十六条　人工繁育野生动物应当有利于物种保护及其科学研究，不得违法猎捕野生动物，破坏野外种群资源，并根据野生动物习性确保其具有必要的活动空间和生息繁衍、卫生健康条件，具备与其繁育目的、种类、发展规模相适应的场所、设施、技术，符合有关技术标准和防疫要求，不得虐待野生动物。

省级以上人民政府野生动物保护主管部门可以根据保护国家重点保护野生动

的需要，组织开展国家重点保护野生动物放归野外环境工作。

前款规定以外的人工繁育的野生动物放归野外环境的，适用本法有关放生野生动物管理的规定。

第二十七条 人工繁育野生动物应当采取安全措施，防止野生动物伤人和逃逸。人工繁育的野生动物造成他人损害、危害公共安全或者破坏生态的，饲养人、管理人等应当依法承担法律责任。

第二十八条 禁止出售、购买、利用国家重点保护野生动物及其制品。

因科学研究、人工繁育、公众展示展演、文物保护或者其他特殊情况，需要出售、购买、利用国家重点保护野生动物及其制品的，应当经省、自治区、直辖市人民政府野生动物保护主管部门批准，并按照规定取得和使用专用标识，保证可追溯，但国务院对批准机关另有规定的除外。

出售、利用有重要生态、科学、社会价值的陆生野生动物和地方重点保护野生动物及其制品的，应当提供狩猎、人工繁育、进出口等合法来源证明。

实行国家重点保护野生动物和有重要生态、科学、社会价值的陆生野生动物及其制品专用标识的范围和管理办法，由国务院野生动物保护主管部门规定。

出售本条第二款、第三款规定的野生动物的，还应当依法附有检疫证明。

利用野生动物进行公众展示展演应当采取安全管理措施，并保障野生动物健康状态，具体管理办法由国务院野生动物保护主管部门会同国务院有关部门制定。

第二十九条 对人工繁育技术成熟稳定的国家重点保护野生动物或者有重要生态、科学、社会价值的陆生野生动物，经科学论证评估，纳入国务院野生动物保护主管部门制定的人工繁育国家重点保护野生动物名录或者有重要生态、科学、社会价值的陆生野生动物名录，并适时调整。对列入名录的野生动物及其制品，可以凭人工繁育许可证或者备案，按照省、自治区、直辖市人民政府野生动物保护主管部门或者其授权的部门核验的年度生产数量直接取得专用标识，凭专用标识出售和利用，保证可追溯。

对本法第十条规定的国家重点保护野生动物名录和有重要生态、科学、社会价值的陆生野生动物名录进行调整时，根据有关野外种群保护情况，可以对前款规定的有关人工繁育技术成熟稳定野生动物的人工种群，不再列入国家重点保护野生动物名录和有重要生态、科学、社会价值的陆生野生动物名录，实行与野外种群不同的管理措施，但应当依照本法第二十五条第二款、第三款和本条第一款的规定取得人工繁育许可证或者备案和专用标识。

对符合《中华人民共和国畜牧法》第十二条第二款规定的陆生野生动物人工繁育种群，经科学论证评估，可以列入畜禽遗传资源目录。

第三十条 利用野生动物及其制品的，应当以人工繁育种群为主，有利于野外种群养护，符合生态文明建设的要求，尊重社会公德，遵守法律法规和国家有关规定。

野生动物及其制品作为药品等经营和利用的，还应当遵守《中华人民共和国药品管理法》等有关法律法规的规定。

第三十一条 禁止食用国家重点保护野生动物和国家保护的有重要生态、科学、社会价值的陆生野生动物以及其他陆生野生动物。

禁止以食用为目的猎捕、交易、运输在野外环境自然生长繁殖的前款规定的野生动物。

禁止生产、经营使用本条第一款规定的野生动物及其制品制作的食品。

禁止为食用非法购买本条第一款规定的野生动物及其制品。

第三十二条 禁止为出售、购买、利用野生动物或者禁止使用的猎捕工具发布广告。禁止为违法出售、购买、利用野生动物制品发布广告。

第三十三条 禁止网络平台、商品交易市场、餐饮场所等，为违法出售、购买、食用及利用野生动物及其制品或者禁止使用的猎捕工具提供展示、交易、消费服务。

第三十四条 运输、携带、寄递国家重点保护野生动物及其制品，或者依照本法第二十九条第二款规定调出国家重点保护野生动物名录的野生动物及其制品出县境的，应当持有或者附有本法第二十一条、第二十五条、第二十八条或者第二十九条规定的许可证、批准文件的副本或者专用标识。

运输、携带、寄递有重要生态、科学、社会价值的陆生野生动物和地方重点保护野生动物，或者依照本法第二十九条第二款规定调出有重要生态、科学、社会价值的陆生野生动物名录的野生动物出县境的，应当持有狩猎、人工繁育、进出口等合法来源证明或者专用标识。

运输、携带、寄递前两款规定的野生动物出县境的，还应当依照《中华人民共和国动物防疫法》的规定附有检疫证明。

铁路、道路、水运、民航、邮政、快递等企业对托运、携带、交寄野生动物及其制品的，应当查验其相关证件、文件副本或者专用标识，对不符合规定的，不得承运、寄递。

第三十五条 县级以上人民政府野生动物保护主管部门应当对科学研究、人工繁育、公众展示展演等利用野生动物及其制品的活动进行规范和监督管理。

市场监督管理、海关、铁路、道路、水运、民航、邮政等部门应当按照职责分工对野生动物及其制品交易、利用、运输、携带、寄递等活动进行监督检查。

国家建立由国务院林业草原、渔业主管部门牵头，各相关部门配合的野生动物联合执法工作协调机制。地方人民政府建立相应联合执法工作协调机制。

县级以上人民政府野生动物保护主管部门和其他负有野生动物保护职责的部门发现违法事实涉嫌犯罪的，应当将犯罪线索移送具有侦查、调查职权的机关。

公安机关、人民检察院、人民法院在办理野生动物保护犯罪案件过程中认为没有犯罪事实，或者犯罪事实显著轻微，不需要追究刑事责任，但应当予以行政处罚的，应当及时将案件移送县级以上人民政府野生动物保护主管部门和其他负有野生动物保护职责的部门，有关部门应当依法处理。

第三十六条 县级以上人民政府野生动物保护主管部门和其他负有野生动物保护职责的部门，在履行本法规定的职责时，可以采取下列措施：

（一）进入与违反野生动物保护管理行为有关的场所进行现场检查、调查；

（二）对野生动物进行检验、检测、抽样取证；

（三）查封、复制有关文件、资料，对可能被转移、销毁、隐匿或者篡改的文件、资料予以封存；

（四）查封、扣押无合法来源证明的野生动物及其制品，查封、扣押涉嫌非法猎捕野生动物或者非法收购、出售、加工、运输猎捕野生动物及其制品的工具、设备或者财物。

第三十七条 中华人民共和国缔结或者参加的国际公约禁止或者限制贸易的野生动物或者其制品名录，由国家濒危物种进出口管理机构制定、调整并公布。

进出口列入前款名录的野生动物或者其制品，或者出口国家重点保护野生动物或者其制品的，应当经国务院野生动物保护主管部门或者国务院批准，并取得国家濒危物种进出口管理机构核发的允许进出口证明书。海关凭允许进出口证明书办理进出境检疫，并依法办理其他海关手续。

涉及科学技术保密的野生动物物种的出口，按照国务院有关规定办理。

列入本条第一款名录的野生动物，经国务院野生动物保护主管部门核准，按照本法有关规定进行管理。

第三十八条 禁止向境外机构或者人员提供我国特有的野生动物遗传资源。开展国际科学研究合作的，应当依法取得批准，有我国科研机构、高等学校、企业及其研究人员实质性参与研究，按照规定提出国家共享惠益的方案，并遵守我国法律、行政法规的规定。

第三十九条 国家组织开展野生动物保护及相关执法活动的国际合作与交流，加强与毗邻国家的协作，保护野生动物迁徙通道；建立防范、打击野生动物及其制品的走私和非法贸易的部门协调机制，开展防范、打击走私和非法贸易行动。

第四十条 从境外引进野生动物物种的，应当经国务院野生动物保护主管部门批准。从境外引进列入本法第三十七条第一款名录的野生动物，还应当依法取得允许进出口证明书。海关凭进口批准文件或者允许进出口证明书办理进境检疫，并依法办理其他海关手续。

从境外引进野生动物物种的，应当采取安全可靠的防范措施，防止其进入野外环境，避免对生态系统造成危害；不得违法放生、丢弃，确需将其放生至野外环境的，应当遵守有关法律法规的规定。

发现来自境外的野生动物对生态系统造成危害的，县级以上人民政府野生动物保护等有关部门应当采取相应的安全控制措施。

第四十一条 国务院野生动物保护主管部门应当会同国务院有关部门加强对放生野生动物活动的规范、引导。任何组织和个人将野生动物放生至野外环境，应当选择适合放生地野外生存的当地物种，不得干扰当地居民的正常生活、生产，避免对生态系统造成危害。具体办法由国务院野生动物保护主管部门制定。随意放生野生动物，造成他人人身、财产损害或者危害生态系统的，依法承担法律责任。

第四十二条 禁止伪造、变造、买卖、转让、租借特许猎捕证、狩猎证、人工繁育许可证及专用标识，出售、购买、利用国家重点保护野生动物及其制品的批准文件，或者允许进出口证明书、进出口等批准文件。

前款规定的有关许可证书、专用标识、批准文件的发放有关情况，应当依法公开。

第四十三条 外国人在我国对国家重点保护野生动物进行野外考察或者在野外拍摄电影、录像，应当经省、自治区、直辖市人民政府野生动物保护主管部门或者其授权的单位批准，并遵守有关法律法规的规定。

第四十四条 省、自治区、直辖市人民代表大会或者其常务委员会可以根据地方实际情况制定对地方重点保护野生动物等的管理办法。

第四章　法律责任

第四十五条 野生动物保护主管部门或者其他有关部门不依法作出行政许可决定，发现违法行为或者接到对违法行为的举报不依法处理，或者有其他滥用职权、玩忽职守、徇私舞弊等不依法履行职责的行为的，对直接负责的主管人员和其他直接责任人员依法给予处分；构成犯罪的，依法追究刑事责任。

第四十六条 违反本法第十二条第三款、第十三条第二款规定的，依照有关法律法规的规定处罚。

第四十七条 违反本法第十五条第四款规定，以收容救护为名买卖野生动物及其制品的，由县级以上人民政府野生动物保护主管部门没收野生动物及其制品、违法所得，并处野生动物及其制品价值二倍以上二十倍以下罚款，将有关违法信息记入社会信用记录,并向社会公布;构成犯罪的,依法追究刑事责任。

第四十八条 违反本法第二十条、第二十一条、第二十三条第一款、第二十四条第一款规定,有下列行为之一的,由县级以上人民政府野生动物保护主管部门、海警机构和有关自然保护地管理机构按照职责分工没收猎获物、猎捕工具和违法所得,吊销特许猎捕证,并处猎获物价值二倍以上二十倍以下罚款;没有猎获物或者猎获物价值不足五千元的,并处一万元以上十万元以下罚款;构成犯罪的,依法追究刑事责任:

(一)在自然保护地、禁猎(渔)区、禁猎(渔)期猎捕国家重点保护野生动物;

(二)未取得特许猎捕证、未按照特许猎捕证规定猎捕、杀害国家重点保护野生动物;

(三)使用禁用的工具、方法猎捕国家重点保护野生动物。

违反本法第二十三条第一款规定,未将猎捕情况向野生动物保护主管部门备案的,由核发特许猎捕证、狩猎证的野生动物保护主管部门责令限期改正;逾期不改正的,处一万元以上十万元以下罚款;情节严重的,吊销特许猎捕证、狩猎证。

第四十九条 违反本法第二十条、第二十二条、第二十三条第一款、第二十四条第一款规定,有下列行为之一的,由县级以上地方人民政府野生动物保护主管部门和有关自然保护地管理机构按照职责分工没收猎获物、猎捕工具和违法所得,吊销狩猎证,并处猎获物价值一倍以上十倍以下罚款;没有猎获物或者猎获物价值不足二千元的,并处二千元以上二万元以下罚款;构成犯罪的,依法追究刑事责任:

(一)在自然保护地、禁猎(渔)区、禁猎(渔)期猎捕有重要生态、科学、社会价值的陆生野生动物或者地方重点保护野生动物;

(二)未取得狩猎证、未按照狩猎证规定猎捕有重要生态、科学、社会价值的陆生野生动物或者地方重点保护野生动物;

(三)使用禁用的工具、方法猎捕有重要生态、科学、社会价值的陆生野生动物或者地方重点保护野生动物。

违反本法第二十条、第二十四条第一款规定,在自然保护地、禁猎区、禁猎期或者使用禁用的工具、方法猎捕其他陆生野生动物,破坏生态的,由县级以上地方人民政府野生动物保护主管部门和有关自然保护地管理机构按照职责分工没收猎获物、猎捕工具和违法所得,并处猎获物价值一倍以上三倍以下罚款;没有猎获物或者猎获物价值不足一千元的,并处一千元以上三千元以下罚款;构成犯罪的,依法追究刑事责任。

违反本法第二十三条第二款规定,未取得持枪证持枪猎捕野生动物,构成违反治安管理行为的,还应当由公安机关依法给予治安管理处罚;构成犯罪的,依法追究刑事责任。

第五十条 违反本法第三十一条第二款规定，以食用为目的猎捕、交易、运输在野外环境自然生长繁殖的国家重点保护野生动物或者有重要生态、科学、社会价值的陆生野生动物的，依照本法第四十八条、第四十九条、第五十二条的规定从重处罚。

违反本法第三十一条第二款规定，以食用为目的猎捕在野外环境自然生长繁殖的其他陆生野生动物的，由县级以上地方人民政府野生动物保护主管部门和有关自然保护地管理机构按照职责分工没收猎获物、猎捕工具和违法所得；情节严重的，并处猎获物价值一倍以上五倍以下罚款，没有猎获物或者猎获物价值不足二千元的，并处二千元以上一万元以下罚款；构成犯罪的，依法追究刑事责任。

违反本法第三十一条第二款规定，以食用为目的交易、运输在野外环境自然生长繁殖的其他陆生野生动物的，由县级以上地方人民政府野生动物保护主管部门和市场监督管理部门按照职责分工没收野生动物；情节严重的，并处野生动物价值一倍以上五倍以下罚款；构成犯罪的，依法追究刑事责任。

第五十一条 违反本法第二十五条第二款规定，未取得人工繁育许可证，繁育国家重点保护野生动物或者依照本法第二十九条第二款规定调出国家重点保护野生动物名录的野生动物的，由县级以上人民政府野生动物保护主管部门没收野生动物及其制品，并处野生动物及其制品价值一倍以上十倍以下罚款。

违反本法第二十五条第三款规定，人工繁育有重要生态、科学、社会价值的陆生野生动物或者依照本法第二十九条第二款规定调出有重要生态、科学、社会价值的陆生野生动物名录的野生动物未备案的，由县级人民政府野生动物保护主管部门责令限期改正；逾期不改正的，处五百元以上二千元以下罚款。

第五十二条 违反本法第二十八条第一款和第二款、第二十九条第一款、第三十四条第一款规定，未经批准、未取得或者未按照规定使用专用标识，或者未持有、未附有人工繁育许可证、批准文件的副本或者专用标识出售、购买、利用、运输、携带、寄递国家重点保护野生动物及其制品或者依照本法第二十九条第二款规定调出国家重点保护野生动物名录的野生动物及其制品的，由县级以上人民政府野生动物保护主管部门和市场监督管理部门按照职责分工没收野生动物及其制品和违法所得，责令关闭违法经营场所，并处野生动物及其制品价值二倍以上二十倍以下罚款；情节严重的，吊销人工繁育许可证、撤销批准文件、收回专用标识；构成犯罪的，依法追究刑事责任。

违反本法第二十八条第三款、第二十九条第一款、第三十四条第二款规定，未持有合法来源证明或者专用标识出售、利用、运输、携带、寄递有重要生态、科学、社会价值的陆生野生动物、地方重点保护野生动物或者依照本法第二十九条第二款规定调出有重要生态、科学、社会价值的陆生野生动物名录的野生动物及其制品的,由县级以上地方人民政府野生动物保护主管部门和市场监督管理部门按照职责分工没收野生动物,并处野生动物价值一倍以上十倍以下罚款;构成犯罪的,依法追究刑事责任。

违反本法第三十四条第四款规定,铁路、道路、水运、民航、邮政、快递等企业未按照规定查验或者承运、寄递野生动物及其制品的,由交通运输、铁路监督管理、民用航空、邮政管理等相关主管部门按照职责分工没收违法所得,并处违法所得一倍以上五倍以下罚款;情节严重的,吊销经营许可证。

第五十三条 违反本法第三十一条第一款、第四款规定,食用或者为食用非法购买本法规定保护的野生动物及其制品的,由县级以上人民政府野生动物保护主管部门和市场监督管理部门按照职责分工责令停止违法行为,没收野生动物及其制品,并处野生动物及其制品价值二倍以上二十倍以下罚款;食用或者为食用非法购买其他陆生野生动物及其制品的,责令停止违法行为,给予批评教育,没收野生动物及其制品,情节严重的,并处野生动物及其制品价值一倍以上五倍以下罚款;构成犯罪的,依法追究刑事责任。

违反本法第三十一条第三款规定,生产、经营使用本法规定保护的野生动物及其制品制作的食品的,由县级以上人民政府野生动物保护主管部门和市场监督管理部门按照职责分工责令停止违法行为,没收野生动物及其制品和违法所得,责令关闭违法经营场所,并处违法所得十五倍以上三十倍以下罚款;生产、经营使用其他陆生野生动物及其制品制作的食品的,给予批评教育,没收野生动物及其制品和违法所得,情节严重的,并处违法所得一倍以上十倍以下罚款;构成犯罪的,依法追究刑事责任。

第五十四条 违反本法第三十二条规定,为出售、购买、利用野生动物及其制品或者禁止使用的猎捕工具发布广告的,依照《中华人民共和国广告法》的规定处罚。

第五十五条 违反本法第三十三条规定,为违法出售、购买、食用及利用野生动物及其制品或者禁止使用的猎捕工具提供展示、交易、消费服务的,由县级以上人民政府市场监督管理部门责令停止违法行为,限期改正,没收违法所得,并处违法所得二倍以上十倍以下罚款;没有违法所得或者违法所得不足五千元的,处一万元以上十万元以下罚款;构成犯罪的,依法追究刑事责任。

第五十六条 违反本法第三十七条规定,进出口野生动物及其制品的,由海关、公安机关、海警机构依照法律、行政法规和国家有关规定处罚;构成犯罪的,依法追究刑事责任。

第五十七条 违反本法第三十八条规定,向境外机构或者人员提供我国特有的野生动物遗传资源的,由县级以上人民政府野生动物保护主管部门没收野生动物及其制品和违法所得，并处野生动物及其制品价值或者违法所得一倍以上五倍以下罚款；构成犯罪的，依法追究刑事责任。

第五十八条　违反本法第四十条第一款规定，从境外引进野生动物物种的，由县级以上人民政府野生动物保护主管部门没收所引进的野生动物，并处五万元以上五十万元以下罚款；未依法实施进境检疫的，依照《中华人民共和国进出境动植物检疫法》的规定处罚；构成犯罪的，依法追究刑事责任。

第五十九条　违反本法第四十条第二款规定，将从境外引进的野生动物放生、丢弃的，由县级以上人民政府野生动物保护主管部门责令限期捕回，处一万元以上十万元以下罚款；逾期不捕回的，由有关野生动物保护主管部门代为捕回或者采取降低影响的措施，所需费用由被责令限期捕回者承担；构成犯罪的，依法追究刑事责任。

第六十条　违反本法第四十二条第一款规定，伪造、变造、买卖、转让、租借有关证件、专用标识或者有关批准文件的，由县级以上人民政府野生动物保护主管部门没收违法证件、专用标识、有关批准文件和违法所得，并处五万元以上五十万元以下罚款；构成违反治安管理行为的，由公安机关依法给予治安管理处罚；构成犯罪的，依法追究刑事责任。

第六十一条　县级以上人民政府野生动物保护主管部门和其他负有野生动物保护职责的部门、机构应当按照有关规定处理罚没的野生动物及其制品，具体办法由国务院野生动物保护主管部门会同国务院有关部门制定。

第六十二条　县级以上人民政府野生动物保护主管部门应当加强对野生动物及其制品鉴定、价值评估工作的规范、指导。本法规定的猎获物价值、野生动物及其制品价值的评估标准和方法，由国务院野生动物保护主管部门制定。

第六十三条　对违反本法规定破坏野生动物资源、生态环境，损害社会公共利益的行为，可以依照《中华人民共和国环境保护法》《中华人民共和国民事诉讼法》《中华人民共和国行政诉讼法》等法律的规定向人民法院提起诉讼。

第五章　附　　则

第六十四条　本法自 2023 年 5 月 1 日起施行。

附录 2

国家重点保护
野生动物名录

国家重点保护野生动物名录

中文名	学名	保护级别	备注
脊索动物门 CHORDATA			
哺乳纲 MAMMALIA			
灵长目 #	PRIMATES		
懒猴科	Lorisidae		
蜂猴	*Nycticebus bengalensis*	一级	
倭蜂猴	*Nycticebus pygmaeus*	一级	
猴科	Cercopithecidae		
短尾猴	*Macaca arctoides*	二级	
熊猴	*Macaca assamensis*	二级	
台湾猴	*Macaca cyclopis*	一级	
北豚尾猴	*Macaca leonina*	一级	原名"豚尾猴"
白颊猕猴	*Macaca leucogenys*	二级	
猕猴	*Macaca mulatta*	二级	
藏南猕猴	*Macaca munzala*	二级	
藏酋猴	*Macaca thibetana*	二级	
喜山长尾叶猴	*Semnopithecus schistaceus*	一级	
印支灰叶猴	*Trachypithecus crepusculus*	一级	
黑叶猴	*Trachypithecus francoisi*	一级	
菲氏叶猴	*Trachypithecus phayrei*	一级	
戴帽叶猴	*Trachypithecus pileatus*	一级	
白头叶猴	*Trachypithecus leucocephalus*	一级	
肖氏乌叶猴	*Trachypithecus shortridgei*	一级	
滇金丝猴	*Rhinopithecus bieti*	一级	
黔金丝猴	*Rhinopithecus brelichi*	一级	
川金丝猴	*Rhinopithecus roxellana*	一级	
怒江金丝猴	*Rhinopithecus strykeri*	一级	
长臂猿科	Hylobatidae		
西白眉长臂猿	*Hoolock hoolock*	一级	
东白眉长臂猿	*Boolock leuconedys*	一级	
高黎贡白眉长臂猿	*Hoolock tianxing*	一级	
白掌长臂猿	*Hylobates lar*	一级	
西黑冠长臂猿	*Nomascus concolor*	一级	
东黑冠长臂猿	*Nomascus nasutus*	一级	

续表

中文名	学名	保护级别	备注
海南长臂猿	*Nomascus hainanus*	一级	
北白颊长臂猿	*Nomascus leucogenys*	一级	
鳞甲目 #	**PHOLIDOTA**		
鲮鲤科	Manidae		
印度穿山甲	*Manis crassicaudata*	一级	
马来穿山甲	*Manis javanica*	一级	
穿山甲	*Manis pentadactyla*	一级	
食肉目	**CARNIVORA**		
犬科	Canidae		
狼	*Canis lupus*	二级	
亚洲胡狼	*Cams aureus*	二级	
豺	*Cuon alpinus*	一级	
貉	*Nyctereutes procyonoides*	二级	仅限野外种群
沙狐	*Vulpes corsac*	二级	
藏狐	*Vulpes ferrilata*	二级	
赤狐	*Vulpes vulpes*	二级	
熊科 #	Ursidae		
懒熊	*Melursus ursinus*	二级	
马来熊	*Helarctos malayanus*	一级	
棕熊	*Ursus arctos*	二级	
黑熊	*Ursus thibetanus*	二级	
大熊猫科 #	Ailuropodidae		
大熊猫	*Ailuropoda melanoleuca*	一级	
小熊猫科 #	Ailuridae		
小熊猫	*Ailurus fulgens*	二级	
鼬科	Mustelidae		
黄喉貂	*Martes flavigula*	二级	
石貂	*Martes foina*	二级	
紫貂	*Martes zibellina*	一级	
貂熊	*Gulo gulo*	一级	
*小爪水獭	*Aonyx cinerea*	二级	
*水獭	*Lutra lutra*	二级	
*江獭	*Lutrogale perspicillata*	二级	

续表

中文名	学名	保护级别	备注
灵猫科	Viverridae		
大斑灵猫	*Viverra megaspila*	一级	
大灵猫	*Viverra zibetha*	一级	
小灵猫	*Viverricula indica*	一级	
椰子猫	*Paradoxurus hermaphroditus*	二级	
熊狸	*Arctictis binturong*	一级	
小齿狸	*Arctogalidia trivirgata*	一级	
缟灵猫	*Chrotogale owstoni*	一级	
林狸科	Prionodontidae		
斑林狸	*Prionodon pardicolor*	二级	
猫科 #	Felidae		
荒漠猫	*Felis bieti*	一级	
丛林猫	*Felis chaus*	一级	
草原斑猫	*Felis silvestris*	二级	
渔猫	*Felis viverrinus*	二级	
兔狲	*Otocolobus manul*	二级	
猞猁	*Lynx lynx*	二级	
云猫	*Pardofelis marmorata*	二级	
金猫	*Pardofelis temminckii*	一级	
豹猫	*Prionailurus bengalensis*	二级	
云豹	*Neofelis nebulosa*	一级	
豹	*Panthera pardus*	一级	
虎	*Panthera tigris*	一级	
雪豹	*Panthera uncia*	一级	
海狮科 #	Otariidae		
*北海狗	*Cailorhmus ursinus*	二级	
*北海狮	*Eumetopias jubatus*	二级	
海豹科 #	Phocidae		
*西太平洋斑海豹	*Phoca largha*	一级	原名"斑海豹"
*髯海豹	*Erignathus barbatus*	二级	
*环海豹	*Pusa hispida*	二级	
长鼻目 #	PROBOSCIDEA		
象科	Elephantidae		
亚洲象	*Elephas maximus*	一级	

续表

中文名	学名	保护级别	备注
奇蹄目	PERISSODACTYLA		
马科	Equidae		
普氏野马	*Equus ferus*	一级	原名"野马"
蒙古野驴	*Equus hemionus*	一级	
藏野驴	*Equus kiang*	一级	原名"西藏野驴"
偶蹄目	ARTIODACTYLA		
骆驼科	Camelidae		原名"驼科"
野骆驼	*Camelus ferus*	一级	
鼷鹿科 #	Tragulidae		
威氏鼷鹿	*Tragulus williamsoni*	一级	原名"鼷鹿"
麝科 #	Moschidae		
安徽麝	*Moschus anhuiensis*	一级	
林麝	*Moschus berezovskii*	一级	
马麝	*Moschus chrysogaster*	一级	
黑麝	*Moschus fuscus*	一级	
喜马拉雅麝	*Moschus leucogaster*	一级	
原麝	*Moschus moschiferus*	一级	
鹿科	Cervidae		
獐	*Hydropotes inermis*	二级	原名"河麂"
黑麂	*Muntiacus crinifrons*	一级	
贡山麂	*Muntiacus gongshanensis*	二级	
海南麂	*Muntiacus nigripes*	二级	
豚鹿	*Axis porcinus*	一级	
水鹿	*Cervus equinus*	二级	
梅花鹿	*Cervus nippon*	一级	仅限野外种群
马鹿	*Cervus canadensis*	二级	仅限野外种群
西藏马鹿（包括白臀鹿）	*Cenvus wallichii*（*C. w. macneilli*）	一级	
塔里木马鹿	*Cervus yarkandensis*	一级	仅限野外种群
坡鹿	*Panolia siamensis*	一级	
白唇鹿	*Przewalskium albirostris*	一级	
麋鹿	*Elaphurus davidianus*	一级	
毛冠鹿	*Elaphodus cephalophus*	二级	

续表

中文名	学名	保护级别	备注
驼鹿	*Alces alces*	一级	
牛科	**Bovidae**		
野牛	*Bos gaurus*	一级	
爪哇野牛	*Bos javanicus*	一级	
野牦牛	*Bos mutus*	一级	
蒙原羚	*Procapra gutturosa*	一级	原名"黄羊"
藏原羚	*Procapra picticaudata*	二级	
普氏原羚	*Procapra przewalskii*	一级	
鹅喉羚	*Gazella subgutturosa*	二级	
藏羚	*Pantholops hodgsonii*	一级	
高鼻羚羊	*Saiga tatarica*	一级	
秦岭羚牛	*Budorcas bedfordi*	一级	
四川羚牛	*Budorcas tibetanus*	一级	
不丹羚牛	*Budorcas whitei*	一级	
贡山羚牛	*Budorcas taxicolor*	一级	
赤斑羚	*Naemorhedus baileyi*	一级	
长尾斑羚	*Naemorhedus caudatus*	二级	
缅甸斑羚	*Naemorhedus evansi*	二级	
喜马拉雅斑羚	*Naemorhedus goral*	一级	
中华斑羚	*Naemorhedus griseus*	二级	
塔尔羊	*Hemitragus jemlahicus*	一级	
北山羊	*Capra sibirica*	二级	
岩羊	*Pseudois nayaur*	二级	
阿尔泰盘羊	*Ovis ammon*	二级	
哈萨克盘羊	*Ovis collium*	二级	
戈壁盘羊	*Ovis darwini*	二级	
西藏盘羊	*Ovis hodgsoni*	一级	
天山盘羊	*Ovis karelini*	二级	
帕米尔盘羊	*Ovis polii*	二级	
中华鬣羚	*Capricornis milneedwardsii*	二级	
红鬣羚	*Capricornis rubidus*	二级	
台湾鬣羚	*Capricornis swinhoei*	一级	
喜马拉雅鬣羚	*Capricornis thar*	一级	

续表

中文名	学名	保护级别	备注
啮齿目	RODENTIA		
河狸科 #	Castoridae		
河狸	*Castor fiber*	一级	
松鼠科	Sciuridae		
巨松鼠	*Ratufa bicolor*	二级	
兔形目	LAGOMORPHA		
鼠兔科	Ochotonidae		
贺兰山鼠兔	*Ochotona argentata*	二级	
伊犁鼠兔	*Ochotona iliensis*	二级	
兔科	Leporidae		
粗毛兔	*Caprolagus hispidus*	二级	
海南兔	*Lepus hainanus*	二级	
雪兔	*Lepus timidus*	二级	
塔里木兔	*Lepus yarkandensis*	二级	
海牛目 #	SIRENIA		
儒艮科	Dugongidae		
* 儒艮	*Dugong dugon*	一级	
鲸目 #	CETACEA		
露脊鲸科	Balaenidae		
* 北太平洋露脊鲸	*Eubalaena japonica*	一级	
灰鲸科	Eschrichtiidae		
* 灰鲸	*Eschrichtius robustus*	一级	
须鲸科	Balaenopteridae		
* 蓝鲸	*Balaenoptera musculus*	一级	
* 小须鲸	*Balaenoptera acutorostrata*	一级	
塞鲸	*Balaenoptera borealis*	一级	
* 布氏鲸	*Balaenoptera edeni*	一级	
* 大村鲸	*Balaenoptera omurai*	一级	
* 长须鲸	*Balaenoptera physalus*	一级	
* 大翅鲸	*Megaptera novaeangliae*	一级	
白鱀豚科	Lipotidae		
* 白鱀豚	*Lipotes vexillifer*	一级	
恒河豚科	Platanistidae		
* 恒河豚	*Platanista gangetica*	一级	

续表

中文名	学名	保护级别	备注
海豚科	Delphinidae		
*中华白海豚	*Sousa chinensis*	一级	
*糙齿海豚	*Steno bredanensis*	二级	
*热带点斑原海豚	*Stenella attenuata*	二级	
*条纹原海豚	*Stenella coeruleoalba*	二级	
*飞旋原海豚	*Stenella longirostris*	二级	
*长喙真海豚	*Delphinus capensis*	二级	
*真海豚	*Delphinus delphis*	二级	
*印太瓶鼻海豚	*Tursiops aduncus*	二级	
*瓶鼻海豚	*Tursiops truncatus*	二级	
*弗氏海豚	*Lagenodelphis hosei*	二级	
*里氏海豚	*Grampus griseus*	二级	
*太平洋斑纹海豚	*Lagenorhynchus obliquidens*	二级	
*瓜头鲸	*Peponocephala electra*	二级	
*虎鲸	*Orcinus orca*	二级	
*伪虎鲸	*Pseudorca crassidens*	二级	
*小虎鲸	*Feresa attenuata*	二级	
*短肢领航鲸	*Globicephala macrorhynchus*	二级	
鼠海豚科	Phocoenidae		
*长江江豚	*Neophocaena asiaeorientalis*	一级	
*东亚江豚	*Neophocaena sunameri*	二级	
*印太江豚	*Neophocaena phocaenoides*	二级	
抹香鲸科	Physeteridae		
*抹香鲸	*Physeter macrocephalus*	一级	
*小抹香鲸	*Kogia breviceps*	二级	
*侏抹香鲸	*Kogia sima*	二级	
喙鲸科	Ziphidae		
*鹅喙鲸	*Ziphius cavirostris*	二级	
*柏氏中喙鲸	*Mesoplodon densirostris*	二级	
*银杏齿中喙鲸	*Mesoplodon ginkgodens*	二级	
*小中喙鲸	*Mesoplodon peruvianus*	二级	
*贝氏喙鲸	*Berardius bairdii*	二级	
*朗氏喙鲸	*Indopacetus pacificus*	二级	

续表

中文名	学名	保护级别	备注
鸟纲 AVES			
鸡形目	GALLIFORMES		
雉科	Phasianidae		
环颈山鹧鸪	*Arborophila torqueola*	二级	
四川山鹧鸪	*Arborophila rufipectus*	一级	
红喉山鹧鸪	*Arborophila rufogularis*	二级	
白眉山鹧鸪	*Arborophila gingica*	二级	
白颊山鹧鸪	*Arborophila atrogularis*	二级	
褐胸山鹧鸪	*Arborophila brunneopectus*	二级	
红胸山鹧鸪	*Arborophila mandellii*	二级	
台湾山鹧鸪	*Arborophila crudigularis*	二级	
海南山鹧鸪	*Arborophila ardens*	一级	
绿脚树鹧鸪	*Tropicoperdix chloropus*	二级	
花尾榛鸡	*Tetrastes bonasia*	二级	
斑尾榛鸡	*Tetrastes sewerzowi*	一级	
镰翅鸡	*Falcipennis falcipennis*	二级	
松鸡	*Tetrao urogallus*	二级	
黑嘴松鸡	*Tetrao urogalloides*	一级	原名"细嘴松鸡"
黑琴鸡	*Lyrurus tetrix*	一级	
岩雷鸟	*Lagopus muta*	二级	
柳雷鸟	*Lagopus lagopus*	二级	
红喉雉鹑	*Tetraophasis obscurus*	一级	
黄喉雉鹑	*Tetraophasis szechenyii*	一级	
暗腹雪鸡	*Tetraogallus himalayensis*	二级	
藏雪鸡	*Tetraogallus tibetanus*	二级	
阿尔泰雪鸡	*Tetraogallus altaicus*	二级	
大石鸡	*Alectoris magna*	二级	
血雉	*Ithaginis cruentus*	二级	
黑头角雉	*Tragopan melanocephalus*	一级	
红胸角雉	*Tragopan satyra*	一级	
灰腹角雉	*Tragopan blythii*	一级	
红腹角雉	*Tragopan temminckii*	二级	
黄腹角雉	*Tragopan caboti*	一级	

续表

中文名	学名	保护级别	备注
勺鸡	*Pucrasia macrolopha*	二级	
棕尾虹雉	*Lophophorus impejanus*	一级	
白尾梢虹雉	*Lophophorus sclateri*	一级	
绿尾虹雉	*Lophophorus lhuysii*	一级	
红原鸡	*Gallus gallus*	二级	原名"原鸡"
黑鹇	*Lophura leucomelanos*	二级	
白鹇	*Lophuta nycthemera*	二级	
蓝腹鹇	*Lophura swinhoii*	一级	原名"蓝鹇"
白马鸡	*Crossoptilon crossoptilon*	二级	
藏马鸡	*Crossoptilon harmani*	二级	
褐马鸡	*Crossoptilon mantchuricum*	一级	
蓝马鸡	*Crossoptilon auritum*	二级	
白颈长尾雉	*Syrmaticus ellioti*	一级	
黑颈长尾雉	*Syrmaticus humiae*	一级	
黑长尾雉	*Syrmaticus mikado*	一级	
白冠长尾雉	*Syrmaticus reevesii*	一级	
红腹锦鸡	*Chrysolophus pictus*	二级	
白腹锦鸡	*Chrysolophus amherstiae*	二级	
灰孔雀雉	*Polyplectron bicalcaratum*	一级	
海南孔雀雉	*Polyplectron katsumatae*	一级	
绿孔雀	*Pavo muticus*	一级	
雁形目	ANSERIFORMES		
鸭科	Anatidae		
栗树鸭	*Dendrocygna javanica*	二级	
鸿雁	*Anser cygnoid*	二级	
白额雁	*Anser albifrons*	二级	
小白额雁	*Anser erythropus*	二级	
红胸黑雁	*Branta ruficollis*	二级	
疣鼻天鹅	*Cygnus olor*	二级	
小天鹅	*Cygnus columbianus*	二级	
大天鹅	*Cygnus cygnus*	二级	
鸳鸯	*Aix galericulata*	二级	
棉凫	*Nettapus coromandelianus*	二级	
花脸鸭	*Sibirionetta formosa*	二级	

续表

中文名	学名	保护级别	备注
云石斑鸭	*Marmaronetta angustirostris*	二级	
青头潜鸭	*Aythya baeri*	一级	
斑头秋沙鸭	*Mergellus albellus*	二级	
中华秋沙鸭	*Mergus squamatus*	一级	
白头硬尾鸭	*Oxyura leucocephala*	一级	
白翅栖鸭	*Asarcornis scutulata*	二级	
䴙䴘目	PODICIPEDIFORMES		
䴙䴘科	Podicipedidae		
赤颈䴙䴘	*Podiceps grisegena*	二级	
角䴙䴘	*Podiceps auritus*	二级	
黑颈䴙䴘	*Podiceps nigricollis*	二级	
鸽形目	COLUMBIFORMES		
鸠鸽科	Columbidae		
中亚鸽	*Columba eversmanni*	二级	
斑尾林鸽	*Columba palumbus*	二级	
紫林鸽	*Columba punicea*	二级	
斑尾鹃鸠	*Macropygia unchall*	二级	
菲律宾鹃鸠	*Macropygia tenuirostris*	二级	
小鹃鸠	*Macropygia ruficeps*	一级	原名"棕头鹃鸠"
橙胸绿鸠	*Treron bicinctus*	二级	
灰头绿鸠	*Treron pompadora*	二级	
厚嘴绿鸠	*Treron curvirostra*	二级	
黄脚绿鸠	*Treron phoenicopterus*	二级	
针尾绿鸠	*Treron apicauda*	二级	
楔尾绿鸠	*Treron sphenurus*	二级	
红翅绿鸠	*Treron sieboldii*	二级	
红顶绿鸠	*Treron formosae*	二级	
黑颏果鸠	*Ptilinopus leclancheri*	二级	
绿皇鸠	*Ducula aenea*	二级	
山皇鸠	*Ducula badia*	二级	
沙鸡目	PTEROCLIFORMES		
沙鸡科	Pteroclidae		
黑腹沙鸡	*Pterocles orientalis*	二级	

续表

中文名	学名	保护级别	备注
夜鹰目	CAPRIMULGIFORMES		
蛙口夜鹰科	Podargidac		
黑顶蛙口夜鹰	*Batrachostomus hodgsoni*	二级	
凤头雨燕科	Hemiprocnidae		
凤头雨燕	*Hemiprocne coronata*	二级	
雨燕科	Apodidae		
爪哇金丝燕	*Aerodramus fuciphagus*	二级	
灰喉针尾雨燕	*Hirundapus cochinchinensis*	二级	
鹃形目	CUCULIFORMES		
杜鹃科	Cuculidae		
褐翅鸦鹃	*Centropus sinensis*	二级	
小鸦鹃	*Centropus bengalemis*	二级	
鸨形目 #	OTIDIFORMES		
鸨科	Otididae		
大鸨	*Otis tarda*	一级	
波斑鸨	*Chlamydotis macqueenii*	一级	
小鸨	*Tetrax tetrax*	一级	
鹤形目	GRUIFORMES		
秧鸡科	Rallidae		
花田鸡	*Coturnicops exquisitus*	二级	
长脚秧鸡	*Crex crex*	二级	
棕背田鸡	*Zapornia bicolor*	二级	
姬田鸡	*Zapornia parva*	二级	
斑胁田鸡	*Zapornia paykullii*	二级	
紫水鸡	*Porphyrio porphyrio*	二级	
鹤科 #	Gruidae		
白鹤	*Grus leucogeranus*	一级	
沙丘鹤	*Grus canadensis*	二级	
白枕鹤	*Grus vipio*	一级	
赤颈鹤	*Grus antigone*	一级	
蓑羽鹤	*Grus virgo*	二级	
丹顶鹤	*Grus japonensis*	一级	
灰鹤	*Grus grus*	二级	

续表

中文名	学名	保护级别	备注
白头鹤	*Grus monacha*	一级	
黑颈鹤	*Grus nigricollis*	一级	
鸻形目	CHARADRIIFORMES		
石鸻科	Burhinidae		
大石鸻	*Esacus recurvirostris*	二级	
鹮嘴鹬科	Ibidorhynchidae		
鹮嘴鹬	*Ibidorhyncha struthersii*	二级	
鸻科	Charadriidae		
黄颊麦鸡	*Vanellus gregarius*	二级	
水雉科	Jacanidae		
水雉	*Hydrophasianus chirurgus*	二级	
铜翅水雉	*Metopidius indicus*	二级	
鹬科	Scolopacidae		
林沙锥	*Gallinago nemoricola*	二级	
半蹼鹬	*Limnodromus semipalmatus*	二级	
小杓鹬	*Numemius minutus*	二级	
白腰杓鹬	*Nuwenius arquata*	二级	
大杓鹬	*Numenius madagascariensis*	二级	
小青脚鹬	*Tringa guttifer*	一级	
翻石鹬	*Arenaria interpres*	二级	
大滨鹬	*Calidris tenuirostris*	二级	
勺嘴鹬	*Calidris pygmaea*	一级	
阔嘴鹬	*Calidris falcinellus*	二级	
燕鸻科	Glareolidae		
灰燕鸻	*Glareola lactea*	二级	
鸥科	Laridae		
黑嘴鸥	*Saundersilarus saundersi*	一级	
小鸥	*Hydrocoloeus minutus*	二级	
遗鸥	*Ichthyaetus relictus*	一级	
大凤头燕鸥	*Thalasseus bergii*	二级	
中华凤头燕鸥	*Thalasseus bernsteini*	一级	原名"黑嘴端凤头燕鸥"
河燕鸥	*Sterna aurantia*	一级	原名"黄嘴河燕鸥"
黑腹燕鸥	*Sterna acuticauda*	二级	

续表

中文名	学名	保护级别	备注
黑浮鸥	*Chlidonias niger*	二级	
海雀科	Alcidae		
冠海雀	*Synihliboramphus wumizusume*	二级	
鹱形目	PROCELLARIIFORMES		
信天翁科	Diomedeidae		
黑脚信天翁	*Phoebastria nigripes*	一级	
短尾信天翁	*Phoebastria albatrus*	一级	
鹳形目	CICONIIFORMES		
鹳科	Ciconiidae		
彩鹳	*Mycteria leucocephala*	一级	
黑鹳	*Ciconia nigra*	一级	
白鹳	*Ciconia ciconia*	一级	
东方白鹳	*Ciconia boyciana*	一级	
秃鹳	*Leptoptilos javanicus*	二级	
鲣鸟目	SULIFORMES		
军舰鸟科	Fregatidae		
白腹军舰鸟	*Fregata andrewsi*	一级	
黑腹军舰鸟	*Fregata minor*	二级	
白斑军舰鸟	*Fregata ariel*	二级	
鲣鸟科 #	Sulidae		
蓝脸鲣鸟	*Sula dactylatra*	二级	
红脚鲣鸟	*Sula sula*	二级	
褐鲣鸟	*Sula leucogaster*	二级	
鸬鹚科	Phalacrocoracidae		
黑颈鸬鹚	*Microcarbo niger*	二级	
海鸬鹚	*Phalacrocorax pelagicus*	二级	
鹈形目	PELECANIFORMES		
鹮科	Threskiornithidae		
黑头白鹮	*Threskiornis melanocephalus*	一级	原名"白鹮"
白肩黑鹮	*Pseudibis davisoni*	一级	原名"黑鹮"
朱鹮	*Nipponia nippon*	一级	
彩鹮	*Plegadis falcinellus*	一级	
白琵鹭	*Platalea leucorodia*	二级	

续表

中文名	学名	保护级别	备注
黑脸琵鹭	*Platalea minor*	一级	
鹭科	Ardeidae		
小苇鳽	*Ixobrychus minutus*	二级	
海南鳽	*Gorsachius magnificus*	一级	原名"海南虎斑鳽"
栗头鳽	*Gorsachius goisagi*	二级	
黑冠鳽	*Gorsachius melanolophus*	二级	
白腹鹭	*Ardea insignis*	一级	
岩鹭	*Egtetta sacra*	二级	
黄嘴白鹭	*Egreita eulophotes*	一级	
鹈鹕科 #	Pelecanidae		
白鹈鹕	*Pelecanus onocrotalus*	一级	
斑嘴鹈鹕	*Pelecanus philippensis*	一级	
卷羽鹈鹕	*Pelecanus crispus*	一级	
鹰形目 #	ACCIPITRIFORMES		
鹗科	Pandionidae		
鹗	*Pandion haliaetus*	二级	
鹰科	Accipitridae		
黑翅鸢	*Elanus caeruleus*	二级	
胡兀鹫	*Gypaelus barbatus*	一级	
白兀鹫	*Neophron percnopterus*	二级	
鹃头蜂鹰	*Pernis apivorus*	二级	
凤头蜂鹰	*Pernis ptilorhynchus*	二级	
褐冠鹃隼	*Aviceda jerdoni*	二级	
黑冠鹃隼	*Aviceda leuphotes*	二级	
兀鹫	*Gyps fulvus*	二级	
长嘴兀鹫	*Gyps indicus*	二级	
白背兀鹫	*Gyps bengalensis*	一级	原名"拟兀鹫"
高山兀鹫	*Gyps himalayensis*	二级	
黑兀鹫	*Sarcogyps calvus*	一级	
秃鹫	*Aegypius monachus*	一级	
蛇雕	*Spilornis cheela*	二级	
短趾雕	*Circaetus gallicus*	二级	
凤头鹰雕	*Nisaetus cirrhatus*	二级	

续表

中文名	学名	保护级别	备注
鹰雕	*Nisaetus nipalensis*	二级	
棕腹隼雕	*Lophotriorchis kienerii*	二级	
林雕	*Ictinaetus malaiensis*	二级	
乌雕	*Clanga clanga*	一级	
靴隼雕	*Hieraaetus pennatus*	二级	
草原雕	*Aquila nipalensis*	一级	
白肩雕	*Aquila heliaca*	一级	
金雕	*Aquila chrysaetos*	一级	
白腹隼雕	*Aquila fasciata*	二级	
凤头鹰	*Accipiter trivirgatus*	二级	
褐耳鹰	*Accipiter badius*	二级	
赤腹鹰	*Accipiter soloensis*	二级	
日本松雀鹰	*Accipiter gularis*	二级	
松雀鹰	*Accipiter virgatus*	二级	
雀鹰	*Accipiter nisus*	二级	
苍鹰	*Accipiter gentilis*	二级	
白头鹞	*Circus aeruginosus*	二级	
白腹鹞	*Circus spilonotus*	二级	
白尾鹞	*Circus cyaneus*	二级	
草原鹞	*Circus macrourus*	二级	
鹊鹞	*Circus melanoleucos*	二级	
乌灰鹞	*Circus pygargus*	二级	
黑鸢	*Milvus migrans*	二级	
栗鸢	*Haliastur indus*	二级	
白腹海雕	*Haliaeetus leucogaster*	一级	
玉带海雕	*Haliaeetus leucoryphus*	一级	
白尾海雕	*Haliaeetus albicilla*	一级	
虎头海雕	*Haliaeetus pelagicus*	一级	
渔雕	*Icthyopkaga humilis*	二级	
白眼鵟鹰	*Butastur teesa*	二级	
棕翅鵟鹰	*Butastur liventer*	二级	
灰脸鵟鹰	*Butastur indicus*	二级	
毛脚鵟	*Buteo lagopus*	二级	

续表

中文名	学名	保护级别	备注
大鵟	*Buteo hemilasius*	二级	
普通鵟	*Buteo japonicus*	二级	
喜山鵟	*Buteo refectus*	二级	
欧亚鵟	*Buteo buteo*	二级	
棕尾鵟	*Buteo rufinus*	二级	
鸮形目 #	STRIGIFORMES		
鸱鸮科	Strigidae		
黄嘴角鸮	*Otus spilocephalus*	二级	
领角鸮	*Otus lettia*	二级	
北领角鸮	*Otus semitorques*	二级	
纵纹角鸮	*Otus brucei*	二级	
西红角鸮	*Otus scops*	二级	
红角鸮	*Otus sunia*	二级	
优雅角鸮	*Otus elegans*	二级	
雪鸮	*Bubo scandiacus*	二级	
雕鸮	*Bubo bubo*	二级	
林雕鸮	*Bubo nipalensis*	二级	
毛腿雕鸮	*Bubo blakistoni*	一级	
褐渔鸮	*Ketupa zeylonensis*	二级	
黄腿渔鸮	*Ketupa flavipes*	二级	
褐林鸮	*Strix leptogrammica*	二级	
灰林鸮	*Strix aluco*	二级	
长尾林鸮	*Strix uralensis*	二级	
四川林鸮	*Strix davidi*	一级	
乌林鸮	*Strix nebulosa*	二级	
猛鸮	*Sumia ulula*	二级	
花头鸺鹠	*Glaucidium passerinum*	二级	
领鸺鹠	*Glaucidium brodiei*	二级	
斑头鸺鹠	*Glaucidium cuculoides*	二级	
纵纹腹小鸮	*Athene noctua*	二级	
横斑腹小鸮	*Athene brama*	二级	
鬼鸮	*Aegolius funereus*	二级	
鹰鸮	*Ninox scutulata*	二级	

续表

中文名	学名	保护级别	备注
日本鹰鸮	*Ninox japonica*	二级	
长耳鸮	*Asio otus*	二级	
短耳鸮	*Asio flammeus*	二级	
草鸮科	Tytonidae		
仓鸮	*Tyto alba*	二级	
草鸮	*Tyto longimembris*	二级	
栗鸮	*Phodilus badius*	二级	
咬鹃目 #	TROGONIFORMES		
咬鹃科	Trogonidae		
橙胸咬鹃	*Harpactes oreskios*	二级	
红头咬鹃	*Harpactes erythrocephalus*	二级	
红腹咬鹃	*Harpactes wardi*	二级	
犀鸟目	BUCEROTIFORMES		
犀鸟科 #	Bucerotidae		
白喉犀鸟	*Anorrhinus austeni*	一级	
冠斑犀鸟	*Anthrococeros albirostris*	一级	
双角犀鸟	*Buceros bicornis*	一级	
棕颈犀鸟	*Aceros nipalensis*	一级	
花冠皱盔犀鸟	*Rhyticeros undulatus*	一级	
佛法僧目	CORACIIFORMES		
蜂虎科	Meropidae		
赤须蜂虎	*Nyctyornis amictus*	二级	
蓝须蜂虎	*Nyctyornis athertoni*	二级	
绿喉蜂虎	*Merops orientalis*	二级	
蓝颊蜂虎	*Merops persicus*	二级	
栗喉蜂虎	*Merops philippinus*	二级	
彩虹蜂虎	*Merops ornatus*	二级	
蓝喉蜂虎	*Merops viridis*	二级	
栗头蜂虎	*Merops leschenaulti*	二级	原名"黑胸蜂虎"
翠鸟科	Alcedinidae		
鹳嘴翡翠	*Pelargopsis capensis*	二级	原名"鹳嘴翠鸟"
白胸翡翠	*Halcyon smyrnensis*	二级	
蓝耳翠鸟	*Alcedo meninting*	二级	

续表

中文名	学名	保护级别	备注
斑头大翠鸟	*Alcedo hercules*	二级	
啄木鸟目	PICIFORMES		
啄木鸟科	Picidae		
白翅啄木鸟	*Dendrocopos leucopterus*	二级	
三趾啄木鸟	*Picoides tridactylus*	二级	
白腹黑啄木鸟	*Dryocopus javensis*	二级	
黑啄木鸟	*Dryocopus martius*	二级	
大黄冠啄木鸟	*Chrysophlegma flavinucha*	二级	
黄冠啄木鸟	*Picus chlorolophus*	二级	
红颈绿啄木鸟	*Picas rabieri*	二级	
大灰啄木鸟	*Mulleripicus pulverulentus*	二级	
隼形目	FALCONIFORMES		
隼科	Falconidae		
红腿小隼	*Microhierax caerulescens*	二级	
白腿小隼	*Microhierax melanoleucos*	二级	
黄爪隼	*Falco mumanni*	二级	
红隼	*Falco tinnunculus*	二级	
西红脚隼	*Falco vespertinus*	二级	
红脚隼	*Falco amurensis*	二级	
灰背隼	*Falco columbarius*	二级	
燕隼	*Falco subbuteo*	二级	
猛隼	*Falco severus*	二级	
猎隼	*Falco cherrug*	一级	
矛隼	*Falco rusticolus*	一级	
游隼	*Falco peregrinus*	二级	
鹦鹉目 #	PSITTACIFORMES		
鹦鹉科	Psittacidae		
短尾鹦鹉	*Loticulus vernalis*	二级	
蓝腰鹦鹉	*Psittinus cyanurus*	二级	
亚历山大鹦鹉	*Psittacula eupatria*	二级	
红领绿鹦鹉	*Psittacula krameri*	二级	
青头鹦鹉	*Psittacula himalayana*	二级	
灰头鹦鹉	*Psittacula finschii*	二级	

续表

中文名	学名	保护级别	备注
花头鹦鹉	*Psittacula roseata*	二级	
大紫胸鹦鹉	*Psittacula derbiana*	二级	
绯胸鹦鹉	*Psittacula alexandri*	二级	
雀形目	PASSERIFORMES		
八色鸫科 #	Pittidae		
双辫八色鸫	*Pitta phayrei*	二级	
蓝枕八色鸫	*Pitta nipalensis*	二级	
蓝背八色鸫	*Pitta soror*	二级	
栗头八色鸫	*Pitta oatesi*	二级	
蓝八色鸫	*Pitta cyanea*	二级	
绿胸八色鸫	*Pitta sordida*	二级	
仙八色鸫	*Pitta nympha*	二级	
蓝翅八色鸫	*Pitta moluccensis*	二级	
阔嘴鸟科 #	Eurylaimidae		
长尾阔嘴鸟	*Psarisomus dalhousiae*	二级	
银胸丝冠鸟	*Serilophus lunatus*	二级	
黄鹂科	Oriolidae		
鹊鹂	*Oriolus mellianus*	二级	
卷尾科	Dicruridae		
小盘尾	*Dicrurus remifer*	二级	
大盘尾	*Dicrurus paradiseus*	二级	
鸦科	Corvidae		
黑头噪鸦	*Perisoreus internigrans*	一级	
蓝绿鹊	*Cissa chinensis*	二级	
黄胸绿鹊	*Cissa hypoleuca*	二级	
黑尾地鸦	*Podoces hendersoni*	二级	
白尾地鸦	*Podoces biddulphi*	二级	
山雀科	Paridae		
白眉山雀	*Poecile superciliosus*	二级	
红腹山雀	*Poecile davidi*	二级	
百灵科	Alaudidae		
歌百灵	*Mirafra javanica*	二级	
蒙古百灵	*Melanocorypha mongolica*	二级	

续表

中文名	学名	保护级别	备注
云雀	*Alauda arvensis*	二级	
苇莺科	**Acrocephalidae**		
细纹苇莺	*Acrocephalus sorghophilus*	二级	
鹎科	**Pycnonotidae**		
台湾鹎	*Pycnonotus taivanus*	二级	
莺鹛科	**Sylviidae**		
金胸雀鹛	*Lioparus chrysotis*	二级	
宝兴鹛雀	*Moupinia poecilotis*	二级	
中华雀鹛	*Fulvetta striaticollis*	二级	
三趾鸦雀	*Cholornis paradoxus*	二级	
白眶鸦雀	*Sinosuthora conspicillata*	二级	
暗色鸦雀	*Sinosuthora zappeyi*	二级	
灰冠鸦雀	*Sinosuthora przewalskii*	一级	
短尾鸦雀	*Neosuthora davidiana*	二级	
震旦鸦雀	*Paradoxoirnis heudei*	二级	
绣眼鸟科	**Zosteropidae**		
红胁绣眼鸟	*Zosterops erythropleurus*	二级	
林鹛科	**Timaliidae**		
淡喉鹩鹛	*Spelaeornis kinneari*	二级	
弄岗穗鹛	*Stachyris nonggangensis*	二级	
幽鹛科	**Pellorneidae**		
金额雀鹛	*Schoeniparus variegaticeps*	一级	
噪鹛科	**Leiothrichidae**		
大草鹛	*Babax waddetli*	二级	
棕草鹛	*Babax koslowi*	二级	
画眉	*Garrulax canorus*	二级	
海南画眉	*Garrulax owstoni*	二级	
台湾画眉	*Garrulax taewanus*	二级	
褐胸噪鹛	*Garrulax maesi*	二级	
黑额山噪鹛	*Garrulax sukatschewi*	一级	
斑背噪鹛	*Garrulax lunulatus*	二级	
白点噪鹛	*Garrulax bieti*	一级	
大噪鹛	*Garrulax maximus*	二级	

续表

中文名	学名	保护级别	备注
眼纹噪鹛	*Garrulax ocellatus*	二级	
黑喉噪鹛	*Garrulax chinensis*	二级	
蓝冠噪鹛	*Garrulax courtoisi*	一级	
棕噪鹛	*Garrulax berthemyi*	二级	
橙翅噪鹛	*Trochalopteron elliotii*	二级	
红翅噪鹛	*Trochalopteron formosum*	二级	
红尾噪鹛	*Trochalopteron milnei*	二级	
黑冠薮鹛	*Liocichla bugunorum*	一级	
灰胸薮鹛	*Liocichla omeiensis*	一级	
银耳相思鸟	*Leiothrix argentauris*	二级	
红嘴相思鸟	*Leiothrix lutea*	二级	
旋木雀科	Certhiidae		
四川旋木雀	*Certhia tianquanensis*	二级	
䴓科	Sittidae		
滇䴓	*Sitta yunnanensis*	二级	
巨䴓	*Sitta magna*	二级	
丽䴓	*Sitta formosa*	二级	
椋鸟科	Sturnidae		
鹩哥	*Gracula religiosa*	二级	
鸫科	Turdidae		
褐头鸫	*Turdus feae*	二级	
紫宽嘴鸫	*Cochoa purpurea*	二级	
绿宽嘴鸫	*Cochoa viridis*	二级	
鹟科	Muscicapidae		
棕头歌鸲	*Larvivora ruficeps*	一级	
红喉歌鸲	*Calliope calliope*	二级	
黑喉歌鸲	*Calliope obscura*	二级	
金胸歌鸲	*Calliope pectardens*	二级	
蓝喉歌鸲	*Luscima svecica*	二级	
新疆歌鸲	*Luscinia megarhynchos*	二级	
棕腹林鸲	*Tarsiger hyperythrus*	二级	
贺兰山红尾鸲	*Phoenicurus alaschanicus*	二级	
白喉石䳭	*Saxicola insignis*	二级	
白喉林鹟	*Cyornis brunneatus*	二级	

中文名	学名	保护级别	备注
棕腹大仙鹟	*Niltava davidi*	二级	
大仙鹟	*Niltava grandis*	二级	
岩鹨科	Prunellidae		
贺兰山岩鹨	*Prunella koslowi*	二级	
朱鹀科	Urocynchramidae		
朱鹀	*Urocynchramus pylzowi*	二级	
燕雀科	Fringillidae		
揭头朱雀	*Carpodacus sillemi*	二级	
藏雀	*Carpodacus roborowskii*	二级	
北朱雀	*Carpodacus roseus*	二级	
红交嘴雀	*Loxia curvirostra*	二级	
鹀科	Emberizidae		
蓝鹀	*Emberiza siemsseni*	二级	
栗斑腹鹀	*Emberiza jankowskii*	一级	
黄胸鹀	*Emberiza aureola*	一级	
藏鹀	*Emberiza koslowi*	二级	
爬行纲 REPTILIA			
龟鳖目	TESTUDINES		
平胸龟科 #	Platysteraidae		
*平胸龟	*Platysternon megacephalum*	二级	仅限野外种群
陆龟科 #	Testudinidae		
缅甸陆龟	*Indotestudo elongata*	一级	
凹甲陆龟	*Manouria impressa*	一级	
四爪陆龟	*Testudo horsfieldii*	一级	
地龟科	Geoemydidae		
*欧氏摄龟	*Cyclemys oldhamii*	二级	
*黑颈乌龟	*Mauremys nigricans*	二级	仅限野外种群
*乌龟	*Mauremys reevesii*	二级	仅限野外种群
*花龟	*Mauremys sinensis*	二级	仅限野外种群
*黄喉拟水龟	*Mauremys mutica*	二级	仅限野外种群
*闭壳龟属所有种	*Cuora* spp,	二级	仅限野外种群
*地龟	*Geoemyda spengleri*	二级	
*眼斑水龟	*Sacalia bealei*	二级	仅限野外种群

续表

中文名	学名	保护级别	备注
*四眼斑水龟	*Sacalia quadriocellata*	二级	仅限野外种群
海龟科 #	Cheloniidae		
*红海龟	*Caretta caretta*	一级	原名"蠵龟"
*绿海龟	*Chelonia mydas*	一级	
*玳瑁	*Eretmochelys imbricata*	一级	
*太平洋丽龟	*Lepidochelys olivacea*	一级	
棱皮龟科 #	Dermochelyidae		
*棱皮龟	*Dermochelys coriacea*	一级	
鳖科	Trionychidae		
*鼋	*Pelochelys cantorii*	一级	
*山瑞鳖	*Palea steindachneri*	二级	仅限野外种群
*斑鳖	*Rafetus swinhoei*	一级	
有鳞目	SQUAMATA		
壁虎科	Gekkonidae		
大壁虎	*Gekko gecko*	二级	
黑疣大壁虎	*Gekko reevesii*	二级	
球趾虎科	Sphaerodactylidae		
伊犁沙虎	*Teratoscincus scincus*	二级	
吐鲁番沙虎	*Teratoscirtcus roborowskii*	二级	
睑虎科 #	Eublepbaridae		
英德睑虎	*Goniurosaurus yingdeensis*	二级	
越南睑虎	*Goniurosaurus araneus*	二级	
霸王岭睑虎	*Goniurosaurus bawanglingensis*	二级	
海南睑虎	*Goniurosaurus hainanensis*	二级	
嘉道理睑虎	*Goniurosaurus kadoorieorum*	二级	
广西睑虎	*Goniurosaurus kwangsiensis*	二级	
荔波睑虎	*Goniurosaurus liboensis*	二级	
凭祥睑虎	*Gomurosaurus luii*	二级	
蒲氏睑虎	*Goniurosaurus zhelongi*	二级	
周氏睑虎	*Goniurosaurus zhoui*	二级	
鬣蜥科	Agamidae		
巴塘龙蜥	*Diploderma batangense*	二级	

续表

中文名	学名	保护级别	备注
短尾龙蜥	*Diploderma brevicaudum*	二级	
侏龙蜥	*Diploderma drukdaypo*	二级	
滑腹龙蜥	*Diploderma laeviventre*	二级	
宜兰龙蜥	*Diploderma luei*	二级	
溪头龙蜥	*Diploderma makii*	二级	
帆背龙蜥	*Diploderma vela*	二级	
蜡皮蜥	*Leiolepis reevesii*	二级	
贵南沙蜥	*Phrynocephalus guinanensis*	二级	
大耳沙蜥	*Phrynocephalus mystaceus*	一级	
长鬣蜥	*Physignathus cocincinus*	二级	
蛇蜥科 #	Anguidae		
细脆蛇蜥	*Ophisaurus gracilis*	二级	
海南脆蛇蜥	*Ophisaurus hainanensis*	二级	
脆蛇蜥	*Ophisaurus harti*	二级	
鳄蜥科	Shinisauridae		
鳄蜥	*Shinisaurus crocodilurus*	一级	
巨蜥科 #	Varanidae		
孟加拉巨蜥	*Varanus bengalensis*	一级	
圆鼻巨蜥	*Varanus salvator*	一级	原名"巨蜥"
石龙子科	Scincidae		
桓仁滑蜥	*Scincella huanrenensis*	二级	
双足蜥科	Dibamidae		
香港双足蜥	*Dibamus bogadeki*	二级	
盲蛇科	Typhlopidae		
香港盲蛇	*Indotyphlops lazelli*	二级	
筒蛇科	Cylindrophiidae		
红尾筒蛇	*Cylindrophis ruffus*	二级	
闪鳞蛇科	Xenopeltidae		
闪鳞蛇	*Xenopeltis unicolor*	二级	
蚺科 #	Boidae		
红沙蟒	*Eryx miliaris*	二级	
东方沙蟒	*Eryx tataricus*	二级	
蟒科	Pythonidae		
蟒蛇	*Python bivittatus*	二级	原名"蟒"

续表

中文名	学名	保护级别	备注
闪皮蛇科	Xenodermidae		
井冈山脊蛇	*Achalinus jinggangensis*	二级	
游蛇科	Colubridae		
三索蛇	*Coelognathus radiatus*	二级	
团花锦蛇	*Elaphe davidi*	二级	
横斑锦蛇	*Euprepiophis perlaceus*	二级	
尖喙蛇	*Rkynchophis boulengeri*	二级	
西藏温泉蛇	*Thermophis baileyi*	一级	
香格里拉温泉蛇	*Thermophis shangrila*	一级	
四川温泉蛇	*Thermophis zhaoeymii*	一级	
黑网乌梢蛇	*Zaocys carinatus*	二级	
瘰鳞蛇科	Acrochordidae		
*瘰鳞蛇	*Acrochordus granulatus*	二级	
眼镜蛇科	Elapidae		
眼镜王蛇	*Ophiophagns hannah*	二级	
*蓝灰扁尾海蛇	*Laticauda colubrina*	二级	
*扁尾海蛇	*Laticauda laticaudata*	二级	
*半环扁尾海蛇	*Laticauda semifasciata*	二级	
*龟头海蛇	*Emydocephalus ijimae*	二级	
*青环海蛇	*Hydrophis cyanocinctus*	二级	
*环纹海蛇	*Hydrophis fasciatus*	二级	
*黑头海蛇	*Hydrophis melanocephalus*	二级	
*淡灰海蛇	*Hydrophis ornatus*	二级	
*棘眦海蛇	*Hydrophis peronii*	二级	
*棘鳞海蛇	*Hydrophis stokesii*	二级	
*青灰海蛇	*Hydrophis caerulescens*	二级	
*平颏海蛇	*Hydrophis curtus*	二级	
*小头海蛇	*Hydrophis gracilis*	二级	
*长吻海蛇	*Hydrophis platurus*	二级	
*截吻海蛇	*Hydrophis jerdonii*	二级	
*海蝰	*Hydrophis viperinus*	二级	
蝰科	Viperidae		
泰国圆斑蝰	*Daboia siamensis*	二级	

续表

中文名	学名	保护级别	备注
蛇岛蝮	*Gloydius shedaoensis*	二级	
角原矛头蝮	*Protobothrops cornutus*	二级	
莽山烙铁头蛇	*Protobothrops mangshanensis*	一级	
极北蝰	*Vipera berus*	二级	
东方蝰	*Vipera renardi*	二级	
鳄目	CROCODYLIA		
鼍科 #	Alligatoridae		
*扬子鳄	*Alligator sinensis*	一级	
两栖纲 AMPHIBIA			
蚓螈目	GYMNOPHIONA		
鱼螈科	Ichthyophiidae		
版纳鱼螈	*Ichthyophis bannanicus*	二级	
有尾目	CAUDATA		
小鲵科 #	Hynobiidae		
*安吉小鲵	*Hynobius amjirnsis*	一级	
*中国小鲵	*Hynobius chinensis*	一级	
*挂榜山小鲵	*Hynobius guabangshanensis*	一级	
*猫儿山小鲵	*Hynobius maoershanensis*	一级	
*普雄原鲵	*Protohynobius puxiongensis*	一级	
*辽宁爪鲵	*Onychodactylus zhaoermii*	一级	
*吉林爪鲵	*Onychodactylus zhangyapingi*	二级	
*新疆北鲵	*Ranodon sibiricus*	二级	
*极北鲵	*Salamondrella keyserlingii*	二级	
*巫山巴鲵	*Liua shihi*	二级	
*秦巴巴鲵	*Liua tsinpaensis*	二级	
*黄斑拟小鲵	*Pseudohynobius flavomaculatus*	二级	
*贵州拟小鲵	*Pseudohynobius guizhouensis*	二级	
*金佛拟小鲵	*Pseudohynobius jinfo*	二级	
*宽阔水拟小鲵	*Pseudohynobius kuankuoshuiensis*	二级	
*水城拟小鲵	*Pseudohynobius shuichengensis*	二级	
*弱唇褶山溪鲵	*Batrachuperus cochranae*	二级	
*无斑山溪鲵	*Batrachuperus karlschmidti*	二级	
*龙洞山溪鲵	*Batrachuperus londongensis*	二级	

续表

中文名	学名	保护级别	备注
*山溪鲵	*Batrachuperus pinchonii*	二级	
*西藏山溪鲵	*Batrachuperus tibetanus*	二级	
*盐源山溪鲵	*Batrachuperus yenyuanensis*	二级	
*阿里山小鲵	*Hynobius arisanensis*	二级	
*台湾小鲵	*Hynobius formosanus*	二级	
*观雾小鲵	*Hynobius fucus*	二级	
*南湖小鲵	*Hynobius glacialis*	二级	
*东北小鲵	*Hynobius leechii*	二级	
*楚南小鲵	*Hynobius sonani*	二级	
*义乌小鲵	*Hynobius yiwuensis*	二级	
隐鳃鲵科	**Cryptobranchidae**		
*大鲵	*Andrias davidianus*	二级	仅限野外种群
蝾螈科	**Salamandridae**		
*潮汕蝾螈	*Cynops orphicus*	二级	
*大凉螈	*Liangshantriton taliangensis*	二级	原名"大凉疣螈"
*贵州疣螈	*Tylototriton kweichowensis*	二级	
*川南疣螈	*Tylototriton pseudoverrucosus*	二级	
*丽色疣螈	*Tylototriton pulcherrima*	二级	
*红瘰疣螈	*Tylototriton shanjing*	二级	
*棕黑疣螈	*Tylototriton verrucosus*	二级	原名"细瘰疣螈"
*滇南疣螈	*Tylototriton yangi*	二级	
*安徽瑶螈	*Yaotriton anhuiensis*	二级	
*细痣瑶螈	*Yaotriton asperrimus*	二级	原名"细痣疣螈"
*宽脊瑶螈	*Yaotriton broadoridgus*	二级	
*大别瑶螈	*Yaotriton dabienicus*	二级	
*海南瑶螈	*Yaotriton hainanensis*	二级	
*浏阳瑶螈	*Yaotriton liuyangensis*	二级	
*莽山瑶螈	*Yaotriton lizhenchangi*	二级	
*文县瑶螈	*Yaotriton wenxianensis*	二级	
*蔡氏瑶螈	*Yaotriton ziegleri*	二级	
*镇海棘螈	*Echinotriton chinhaiensis*	一级	原名"镇海疣螈"
*琉球棘螈	*Echinotriton andersoni*	二级	
*高山棘螈	*Echinotriton maxiquadratus*	二级	

续表

中文名	学名	保护级别	备注
*橙脊瘰螈	*Paramesotriton aurantius*	二级	
*尾斑瘰螈	*Paramesotriton caudopunctatus*	二级	
*中国瘰螈	*Paramesotriton chinensis*	二级	
*越南瘰螈	*Paramesotriton deloustali*	二级	
*富钟瘰螈	*Paramesotriton fuzhongensis*	二级	
*广西瘰螈	*Paramesotriton guangxiensis*	二级	
*香港瘰螈	*Paramesotriton hongkongensis*	二级	
*无斑瘰螈	*Paramesotriton labiatus*	二级	
*龙里瘰螈	*Paramesotriton longliensis*	二级	
*茂兰瘰螈	*Paramesotriton maolanensis*	二级	
*七溪岭瘰螈	*Paramesotriton qixilingensis*	二级	
*武陵瘰螈	*Paramesotriton wulingensis*	二级	
*云雾瘰螈	*Paramesotriton yunwuensis*	二级	
*织金瘰螈	*Paramesotriton zhijinensis*	二级	
无尾目	ANURA		
角蟾科	Megophryidae		
抱龙角蟾	*Boulenophrys baolongensis*	二级	
凉北齿蟾	*Oreolalax liangbeiensis*	二级	
金顶齿突蟾	*Scutiger chintingensis*	二级	
九龙齿突蟾	*Scutiger jiulongensis*	二级	
木里齿突蟾	*Scutiger muliemis*	二级	
宁陕齿突蟾	*Scutiger ningshanensis*	二级	
平武齿突蟾	*Scutiger pingwuensis*	二级	
哀牢髭蟾	*Vibrissaphora ailaonica*	二级	
峨眉髭蟾	*Vibrissaphora boringii*	二级	
雷山髭蟾	*Vibrissaphora leishanensis*	二级	
原髭蟾	*Vibrissaphora promustache*	二级	
南澳岛角蟾	*Xenophrys insularis*	二级	
水城角蟾	*Xenophrys shuichengensis*	二级	
蟾蜍科	Bufonidae		
史氏蟾蜍	*Bufo stejnegeri*	二级	
鳞皮小蟾	*Parapelophryne scalpta*	二级	
乐东蟾蜍	*Qiongbufo ledongensis*	二级	

续表

中文名	学名	保护级别	备注
无棘溪蟾	*Bufo aspinius*	二级	
叉舌蛙科	Dicroglossidae		
*虎纹蛙	*Hoplobatrachus chinensis*	二级	仅限野外种群
*脆皮大头蛙	*Limnonectes fragilis*	二级	
*叶氏肛刺蛙	*Yerana yei*	二级	
蛙科	Ranidae		
*海南湍蛙	*Amolops hainanensis*	二级	
*香港湍蛙	*Amolops hongkongensis*	二级	
*小腺蛙	*Glandirana minima*	二级	
*务川臭蛙	*Odorrana wuchuanensis*	二级	
树蛙科	Rhacophoridac		
巫溪树蛙	*Rhacophorus hongchibaensis*	二级	
老山树蛙	*Rhacophorus laoshan*	二级	
罗默刘树蛙	*Liuixalus romeri*	二级	
洪佛树蛙	*Rhacophorus hungfuensis*	二级	
文昌鱼纲 AMPHIOXI			
文昌鱼目	AMPHIOXIFORMES		
文昌鱼科 #	Branchiostomatidae		
*厦门文昌鱼	*Branchiostoma belcheri*	二级	仅限野外种群；原名"文昌鱼"
*青岛文昌鱼	*Branchiostoma tsingdauense*	二级	仅限野外种群
圆口纲 CYCLOSTOMATA			
七鳃鳗目	PETROMYZONTIFORMES		
七鳃鳗科 #	Petromyzontidae		
*日本七鳃鳗	*Lampetra japonica*	二级	
*东北七鳃鳗	*Lampetra morii*	二级	
*雷氏七鳃鳗	*Lampetra reissneri*	二级	
软骨鱼纲 CHONDRICHTHYES			
鼠鲨目	LAMNIFORMES		
姥鲨科	Cetorhinidae		
*姥鲨	*Cetorhinus maximus*	二级	
鼠鲨科	Lamnidae		
*噬人鲨	*Carcharodon carcharias*	二级	

续表

中文名	学名	保护级别	备注
须鲨目	ORECTOLOBIFORMES		
鲸鲨科	Rhincodontidae		
*鲸鲨	*Rhincodon typus*	二级	
鲼目	MYLIOBATIFORMES		
魟科	Dasyatidae		
*黄魟	*Dasyatis bennettii*	二级	仅限陆封种群
硬骨鱼纲 OSTEICHTHYES			
鲟形目 #	ACIPENSERIFORMES		
鲟科	Acipenseridae		
*中华鲟	*Acipenser sinensis*	一级	
*长江鲟	*Acipenser dabryanus*	一级	原名"达氏鲟"
*鳇	*Huso dauricus*	一级	仅限野外种群
*西伯利亚鲟	*Acipenser baerii*	二级	仅限野外种群
*裸腹鲟	*Acipenser nudiventris*	二级	仅限野外种群
*小体鲟	*Acipenser ruthenus*	二级	仅限野外种群
*施氏鲟	*Acipenser schrenckii*	二级	仅限野外种群
匙吻鲟科	Polyodontidae		
*白鲟	*Psephurus gladius*	一级	
鳗鲡目	ANGUILLIFORMES		
鳗鲡科	Anguillidae		
*花鳗鲡	*Anguilla marmorata*	二级	
鲱形目	CLUPEIFORMES		
鲱科	Clupeidac		
*鲥	*Tenualosa reevesii*	一级	
鲤形目	CYPRINIFORMES		
双孔鱼科	Gyrinocheilidae		
*双孔鱼	*Gyrinocheilus aymotiieri*	二级	仅限野外种群
裸吻鱼科	Psilorhynchidae		
*平鳍裸吻鱼	*Psilorhynchus homaloptera*	二级	
亚口鱼科	Catostomidae		原名"胭脂鱼科"
*胭脂鱼	*Myxocyprinus asiaticus*	二级	仅限野外种群
鲤科	Cyprinidae		
*唐鱼	*Tanichthys albonubes*	二级	仅限野外种群

续表

中文名	学名	保护级别	备注
*稀有鮈鲫	*Gobiocypris rarus*	二级	仅限野外种群
*鯮	*Luciobrama macrocephalus*	二级	
*多鳞白鱼	*Anabarilius polylepis*	二级	
*山白鱼	*Anabarilius transmontanus*	二级	
*北方铜鱼	*Coreius septentrionalis*	一级	
*圆口铜鱼	*Coreius guichenoti*	二级	仅限野外种群
*大鼻吻鮈	*Rhinogobio nasutus*	二级	
*长鳍吻鮈	*Rhinogobio ventralis*	二级	
*平鳍鳅鮀	*Gobiobotia homalopteroidea*	二级	
*单纹似鳡	*Luciocyprinus langsoni*	二级	
*金线鲃属所有种	*Sinocyclocheilus* spp.	二级	
*四川白甲鱼	*Onychostoma angustistomata*	二级	
*多鳞白甲鱼	*Onychostoma macrolepis*	二级	仅限野外种群
*金沙鲈鲤	*Percocypris pingi*	二级	仅限野外种群
*花鲈鲤	*Percocypris regani*	二级	仅限野外种群
*后背鲈鲤	*Percocypris retrodorslis*	二级	仅限野外种群
*张氏鲈鲤	*Percocypris tchangi*	二级	仅限野外种群
*裸腹盲鲃	*Typhlobarbus nudiventris*	二级	
*角鱼	*Akrokolioplax bicornis*	二级	
*骨唇黄河鱼	*Chuanchia labiosa*	二级	
*极边扁咽齿鱼	*Platypharodon extremus*	二级	仅限野外种群
*细鳞裂腹鱼	*Schizothorax chongi*	二级	仅限野外种群
*巨须裂腹鱼	*Schizothorax macropogon*	二级	
*重口裂腹鱼	*Schizothorax davidi*	二级	仅限野外种群
*拉萨裂腹鱼	*Schizothorax waltoni*	二级	仅限野外种群
*塔里木裂腹鱼	*Schizothorax biddulphi*	二级	仅限野外种群
*大理裂腹鱼	*Schizothorax taliensis*	二级	仅限野外种群
*扁吻鱼	*Aspiorhymchus laticeps*	一级	原名"新疆大头鱼"
*厚唇裸重唇鱼	*Gymnodiptychus pachycheilus*	二级	仅限野外种群
*斑重唇鱼	*Diptychus maculatus*	二级	
*尖裸鲤	*Oxygymnocypris stewartii*	二级	仅限野外种群
*大头鲤	*Cyprinus pellegrini*	二级	仅限野外种群
*小鲤	*Cyprinus micristius*	二级	
*抚仙鲤	*Cyprinus fuxianensis*	二级	

续表

中文名	学名	保护级别	备注
*岩原鲤	*Procypris rabaudi*	二级	仅限野外种群
*乌原鲤	*Procypris merus*	二级	
*大鳞鲢	*Hypophthalmichthys harmandi*	二级	
鳅科	Cobitidae		
*红唇薄鳅	*Leptobotia rubrilabris*	二级	仅限野外种群
*黄线薄鳅	*Leptobotia flavolineata*	二级	
*长薄鳅	*Leptobotia elongata*	二级	仅限野外种群
条鳅科	Nemacheilidae		
*无眼岭鳅	*Oreonectes anophthalmus*	二级	
*拟鲶高原鳅	*Triplophysa siluroides*	二级	仅限野外种群
*湘西盲高原鳅	*Triplopkysa xiangxiensis*	二级	
*小头高原鳅	*Triphophysa minuta*	二级	
爬鳅科	Balitoiidae		
*厚唇原吸鳅	*Protomyzon pachychilus*	二级	
鲇形目	SILURIFORMES		
鲿科	Bagridae		
*斑鳠	*Hemibagrus guttatus*	二级	仅限野外种群
鲇科	Siluridae		
*昆明鲇	*Silurus mento*	二级	
科	Pangasiidae		
*长丝鲑	*Pangasius sanitwangsei*	一级	
钝头鮠科	Amblycipitidae		
*金氏鮡	*Liobagrus kingi*	二级	
鮡科	Sisoridae		
*长丝黑鮡	*Gagata dolichonema*	二级	
*青石爬鮡	*Euchiloglanis davidi*	二级	
*黑斑原鮡	*Glyptosternum maculatum*	二级	
*鮡	*Bagarius bagarius*	二级	
*红鮡	*Bagarius rutilus*	二级	
*巨鮡	*Bagarius yarrelli*	二级	
鲑形目	SALMONIFORMES		
鲑科	Salmonidae		
*细鳞鲑属所有种	*Brachymystax* spp.	二级	仅限野外种群
*川陕哲罗鲑	*Hucho bleekeri*	一级	

续表

中文名	学名	保护级别	备注
*哲罗鲑	*Hucho taimen*	二级	仅限野外种群
*石川氏哲罗鲑	*Hucho ishikawai*	二级	
*花羔红点鲑	*Salvelinus malma*	二级	仅限野外种群
*马苏大马哈鱼	*Oncorhynchus masou*	二级	
*北鲑	*Stenodus leucichthys*	二级	
*北极茴鱼	*Thymallus arcticus*	二级	仅限野外种群
*下游黑龙江茴鱼	*Thymallus tugarinae*	二级	仅限野外种群
*鸭绿江茴鱼	*Thyniallus yaluensis*	二级	仅限野外种群
海龙鱼目	SYNGNATHIFORMES		
海龙鱼科	Syngnathidae		
*海马属所有种	*Hippocampus* spp.	二级	仅限野外种群
鲈形目	PERCIFORMES		
石首鱼科	Sciaenidae		
*黄唇鱼	*Bahaba taipingensis*	一级	
隆头鱼科	Labridae		
*波纹唇鱼	*Cheilinus undulatus*	二级	仅限野外种群
鲉形目	SCORPAENIFORMES		
杜父鱼科	Cottidae		
*松江鲈	*Trachidermus fasciatus*	二级	仅限野外种群。原名"松江鲈鱼"
半索动物门 HEMICHORDATA			
肠鳃纲 ENTEROPNEUSTA			
柱头虫目	BALANOGLOSSIDA		
殖翼柱头虫科	Ptychoderidae		
*多鳃孔舌形虫	*Glossobalanus polybranchioporus*	一级	
*三崎柱头虫	*Balartoglossus misakiensis*	二级	
*短殖舌形虫	*Glossobalanus mortenseni*	二级	
*肉质柱头虫	*Balanoglossus carnosus*	二级	
*黄殖翼柱头虫	*Ptychodera flava*	二级	
史氏柱头虫科	Spengeliidae		
*青岛橡头虫	*Glandiceps qingdaoensis*	二级	
玉钩虫科	Harrimaniidae		
*黄岛长吻虫	*Saccoglossus hwangtauensis*	一级	

续表

中文名	学名	保护级别	备注
节肢动物门 ARTHROPODA			
昆虫纲 INSECTA			
双尾目	DIPLURA		
铗虮科	Japygidae		
伟铗虮	*Atlasjapyx atlas*	二级	
䗛目	PHASMATODEA		
叶䗛科 #	Phyllidae		
丽叶䗛	*Phyllium pulchrifolium*	二级	
中华叶䗛	*Phyllium sinensis*	二级	
泛叶䗛	*Phyllium celebicum*	二级	
翔叶䗛	*Phyllium westwoodi*	二级	
东方叶䗛	*Phyllium siccifolium*	二级	
独龙叶䗛	*Phyllium drunganum*	二级	
同叶䗛	*Phyllium parum*	二级	
滇叶䗛	*Phyllium yunnanense*	二级	
藏叶䗛	*Phyllium tibetense*	二级	
珍叶䗛	*Phyllium rarum*	二级	
蜻蜓目	ODONATA		
箭蜓科	Gomphidae		
扭尾曦春蜓	*Heliogomphus retroflexus*	二级	原名"尖板曦箭蜓"
棘角蛇纹春蜓	*Ophiogomphus spinicornis*	二级	原名"宽纹北箭蜓"
缺翅目	ZORAPTERA		
缺翅虫科	Zorotypidae		
中华缺翅虫	*Zorotypus sinensis*	二级	
墨脱缺翅虫	*Zorotypus medoensis*	二级	
蛩蠊目	GRYLLOBLATTODAE		
蛩蠊科	Grylloblattidae		
中华蛩蠊	*Galloisiana sinensis*	一级	
陈氏西蛩蠊	*Gtylloblattella cheni*	一级	
脉翅目	NEUROPTERA		
旌蛉科	Nemopteridae		
中华旌蛉	*Nemopistha sinica*	二级	

续表

中文名	学名	保护级别	备注
鞘翅目	COLEOPTERA		
步甲科	Carabidne		
拉步甲	*Carabus lafossei*	二级	
细胸大步甲	*Carabus osawai*	二级	
巫山大步甲	*Carabus ishizukai*	二级	
库班大步甲	*Carabus kubani*	二级	
桂北大步甲	*Carabus guibeicus*	二级	
贞大步甲	*Carabus penelope*	二级	
蓝鞘大步甲	*Carabus cyaneogigas*	二级	
滇川大步甲	*Carabus yunanensis*	二级	
硕步甲	*Carabus davidi*	二级	
两栖甲科	Amphizoidae		
中华两栖甲	*Amphizoa sinica*	二级	
长阎甲科	Synteliidae		
中华长阎甲	*Syntelia sinica*	二级	
大卫长阎甲	*Syntelia davidis*	二级	
玛氏长阎甲	*Syntelia mazuri*	二级	
臂金龟科	Euchiridae		
戴氏棕臂金龟	*Propomacrus davidi*	二级	
玛氏棕臂金龟	*Propomacrus muramotoae*	二级	
越南臂金龟	*Cheirotonus battareli*	二级	
福氏彩臂金龟	*Cheirotonus fujiokai*	二级	
格彩臂金龟	*Cheirotonus gestroi*	二级	
台湾长臂金龟	*Cheirotonus formosanus*	二级	
阳彩臂金龟	*Cheirotonus jansoni*	二级	
印度长臂金龟	*Cheirotonus macleayii*	二级	
昭沼氏长臂金龟	*Cheirotonus terunumai*	二级	
金龟科	Scarabaeidae		
艾氏泽蜣螂	*Scarabaeus erichsoni*	二级	
拜氏蜣螂	*Scarabaeus babori*	二级	
悍马巨蜣螂	*Heliocopris bucephalus*	二级	
上帝巨蜣螂	*Heliocopris dominus*	二级	
迈达斯巨蜣螂	*Heliocopris midas*	二级	

续表

中文名	学名	保护级别	备注
犀金龟科	Dynastidae		
戴叉犀金龟	*Trypoxylus davidis*	二级	原名"叉犀金龟"
粗尤犀金龟	*Eupatorus hardwickii*	二级	
细角尤犀金龟	*Eupatorus gracilicornis*	二级	
胫晓扁犀金龟	*Eophileurus tetraspermexitus*	二级	
锹甲科	Lucanidae		
安达刀锹甲	*Dorcus antaeus*	二级	
巨叉深山锹甲	*Lucanus hermani*	二级	
鳞翅目	LEPIDOPTERA		
凤蝶科	Papilionidae		
喙凤蝶	*Teinopalpus imperialism*	二级	
金斑喙凤蝶	*Teinopalpus aureus*	一级	
裳凤蝶	*Troides helena*	二级	
金裳凤蝶	*Troides aeacus*	二级	
荧光裳凤蝶	*Troides magellanus*	二级	
鸟翼裳凤蝶	*Troides amphrysus*	二级	
珂裳凤蝶	*Troides criton*	二级	
楔纹裳凤蝶	*Troides cuneifera*	二级	
小斑裳凤蝶	*Troides haliphron*	二级	
多尾凤蝶	*Bhutanitis lidderdalii*	二级	
不丹尾凤蝶	*Bhutanitis ludlowi*	二级	
双尾凤蝶	*Bhutanitis mansfieldi*	二级	
玄裳尾凤蝶	*Bhutanitis nigrilima*	二级	
三尾凤蝶	*Bhutanitis thaidina*	二级	
玉龙尾凤蝶	*Bhutanitis yulongensisn*	二级	
丽斑尾凤蝶	*Bhutanitis pulchristriata*	二级	
锤尾凤蝶	*Losaria coon*	二级	
中华虎凤蝶	*Luehdorfia chinensis*	二级	
蛱蝶科	Nymphalidae		
最美紫蛱蝶	*Sasakia pulcherrima*	二级	
黑紫蛱蝶	*Sasakia funebris*	二级	
绢蝶科	Parnassidae		
阿波罗绢蝶	*Pamassius apollo*	二级	

续表

中文名	学名	保护级别	备注
君主绢蝶	*Pamassius imperator*	二级	
灰蝶科	**Lycaenidae**		
大斑霾灰蝶	*Maculinea arionides*	二级	
秀山白灰蝶	*Phengaris xiushani*	二级	
蛛形纲 ARACHNIDA			
蜘蛛目	**ARANEAE**		
捕鸟蛛科	**Theraphosidae**		
海南塞勒蛛	*Cyriopagopus hainanus*	二级	
肢口纲 MEROSTOMATA			
剑尾目	**XIPHOSURA**		
鲎科 #	**Tachypleidae**		
* 中国鲎	*Tachypleus tridentatus*	二级	
* 圆尾蝎鲎	*Carcinoscorpius rotundicauda*	二级	
软甲纲 MALACOSTRACA			
十足目	**DECAPODA**		
龙虾科	**Palinuridae**		
* 锦绣龙虾	*Pamlirus ornatus*	二级	仅限野外种群
软体动物门 MOLLUSCA			
双壳纲 BIVALVIA			
珍珠贝目	**PTERIOIDA**		
珍珠贝科	**Pteriidae**		
* 大珠母贝	*Pinctada maxima*	二级	仅限野外种群
帘蛤目	**VENEROIDA**		
砗磲科 #	**Tridacnidae**		
* 大砗磲	*Tridacna gigas*	一级	原名"库氏砗磲"
* 无鳞砗磲	*Tridacna derasa*	二级	仅限野外种群
* 鳞砗磲	*Tridacna squamosa*	二级	仅限野外种群
* 长砗磲	*Tridacna maxima*	二级	仅限野外种群
* 番红砗磲	*Tridacna crocea*	二级	仅限野外种群
* 砗蚝	*Hippopus hippopus*	二级	仅限野外种群
蚌目	**UNIONIDA**		
珍珠蚌科	**Maigaritanidae**		
* 珠母珍珠蚌	*Margaritiana dahurica*	二级	仅限野外种群

续表

中文名	学名	保护级别	备注
蚌科	Unionidae		
* 佛耳丽蚌	*Lamprotula mansuyi*	二级	
* 绢丝丽蚌	*Lamprotula fibrosa*	二级	
* 背瘤丽蚌	*Lamprotula leai*	二级	
* 多瘤丽蚌	*Lamprotula polysticta*	二级	
* 刻裂丽蚌	*Lamprotula scripta*	二级	
截蛏科	Solecurtidae		
* 中国淡水蛏	*Novaculina chinensis*	二级	
* 龙骨蛏蚌	*Solenaia carinatus*	二级	
头足纲 CEPHALOPODA			
鹦鹉螺目	NAUTILIDA		
鹦鹉螺科	Nautilidae		
* 鹦鹉螺	*Nautilus pompilius*	一级	
腹足纲 GASTROPODA			
田螺科	Viviparidae		
* 螺蛳	*Margarya melanioides*	二级	
蝾螺科	Turbinidae		
* 夜光蝾螺	*Turbo marmoratus*	二级	
宝贝科	Cypraeidae		
* 虎斑宝贝	*Cypraea tigris*	二级	
冠螺科	Cassididae		
* 唐冠螺	*Cassis cornuta*	二级	原名"冠螺"
法螺科	Charoniidae		
* 法螺	*Charonia tritonis*	二级	
刺胞动物门 CNIDARIA			
珊瑚纲 ANTHOZOA			
角珊瑚目 #	ANTIPATHARIA		
* 角珊瑚目所有种	ANTIPATHARIA spp.	二级	
石珊瑚目 #	SCLERACTINIA		
* 石珊瑚目所有种	SCLERACTINIA spp.	二级	
苍珊瑚目	HELIOPORACEA		
苍珊瑚科 #	Helioporidae		
* 苍珊瑚科所有种	Helioporidae spp.	二级	

续表

中文名	学名	保护级别	备注
软珊瑚目	ALCYONACEA		
笙珊瑚科 #	Tubiporidae		
*笙珊瑚	*Tubipora musica*	二级	
红珊瑚科 #	Coralliidae		
*红珊瑚科所有种	Coralliidae spp.	一级	
竹节柳珊瑚科	Isididae		
*粗糙竹节柳珊瑚	*Isis hippuris*	二级	
*细枝竹节柳珊瑚	*Isis minorbrachyblasta*	二级	
*网枝竹节柳珊瑚	*his reticulata*	二级	
水螅纲 HYDROZOA			
花裸螅目	ANTHOATHECATA		
多孔螅科 #	Milleporidae		
*分叉多孔螅	*Millepora dichotoma*	二级	
*节块多孔螅	*Milhpora exaesa*	二级	
*窝形多孔螅	*Millepora foveolata*	二级	
*错综多孔螅	*Millepora intricata*	二级	
*阔叶多孔螅	*Millepora latifolia*	二级	
*扁叶多孔螅	*Millepora platyphylla*	二级	
*娇嫩多孔螅	*Millepora tenera*	二级	
柱星螅科 #	Stylasteridae		
*无序双孔螅	*Distichopora irregularis*	二级	
*紫色双孔螅	*Distichopora violacea*	二级	
*佳丽刺柱螅	*Enina dabneyi*	二级	
*扇形柱星螅	*Stylaster flabellifomis*	二级	
*细巧柱星螅	*Stylaster gracilis*	二级	
*佳丽柱星螅	*Stylaster pulcher*	二级	
*艳红柱星螅	*Stylaster sanguineus*	二级	
*粗糙柱星螅	*Stylaster scabiosus*	二级	

注：*代表水生野生动物；#代表该分类单元所有种均列入名录。

图片展示

兽类

灵长目猴科

猕猴 *Macaca mulatta*（雄性）

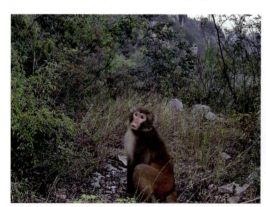

猕猴 *Macaca mulatta*（雌性）

猕猴群体移动

兔形目兔科

蒙古兔 *Lepus tolai*

蒙古兔 *Lepus tolai*

蒙古兔 *Lepus tolai*

啮齿目松鼠科

岩松鼠 *Sciurotamias davidianus*

啮齿目鼠科

黑线姬鼠 *Apodemus agrarius*

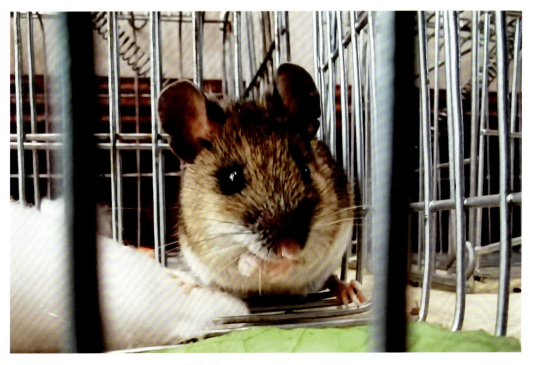

北社鼠 *Niviventer confucianus*

劳亚食虫目猬科

东北刺猬 *Erinaceus amurensis*

劳亚食虫目鼩鼱科

川西缺齿鼩 *Chodsigoa hypsibia*

翼手目菊头蝠科

马铁菊头蝠 *Rhinolophus ferrumequinum*

翼手目蝙蝠科

东亚伏翼 *Pipistrellus abramus*

鲸偶蹄目猪科

野猪 *Sus scrofa*（成体）

野猪 *Sus scrofa*（幼体）

鲸偶蹄目麝科

林麝 *Moschus berezovskii*

鲸偶蹄目鹿科

狍 *Capreolus pygargus*（进食）

狍 *Capreolus pygargus*（雄性）

狍 *Capreolus pygargus*（雄性，角短）

食肉目猫科

豹 *Panthera pardus*

豹 *Panthera pardus*

豹猫 *Prionailurus bengalensis*

豹猫 *Prionailurus bengalensis*

食肉目林狸科

花面狸 *Paguma larvata*

花面狸 *Paguma larvata*

食肉目鼬科

黄鼬 *Mustela sibirica*（捕食啮齿类动物）

猪獾 *Arctonyx collaris*

猪獾 *Arctonyx collaris*

亚洲狗獾 *Meles leucurus*

亚洲狗獾 *Meles leucurus*

鸟类

鸡形目雉科

红腹锦鸡 *Chrysolophus pictus*（雄性）

红腹锦鸡 *Chrysolophus pictus*（雌性）

勺鸡 *Pucrasia macrolopha*（雄性）

勺鸡 *Pucrasia macrolopha*（雌性）

环颈雉 *Phasianus colchicus*（雄性）

环颈雉 Phasianus colchicus（左 1 为雌性亲鸟，右 1 ~ 3 为雏鸟）

雁形目鸭科

绿头鸭 Anas platyrhynchos

斑嘴鸭 Anas poecilorhyncha

绿翅鸭 Anas crecca

普通秋沙鸭 *Mergus merganser*

䴙䴘目䴙䴘科

凤头䴙䴘 *Podiceps cristatus*

鸽形目鸠鸽科

山斑鸠 *Streptopelia orientalis*

鹃形目杜鹃科

四声杜鹃 *Cuculus micropterus*

鹤形目秧鸡科

白骨顶 *Fulica atra*

鹳形目鹳科

黑鹳 *Ciconia nigra*

鹈形目鹭科

池鹭 *Ardeola bacchus*

苍鹭 *Ardea cinerea*

白鹭 *Egretta garzetta*

鸻形目鹬科

白腰草鹬 *Tringa ochropus*

鸮形目鸱鸮科

雕鸮 *Bubo bubo*

长耳鸮 *Asio otus*

领角鸮 *Otus lettia*

短耳鸮 *Asio flammeus*

鹰形目鹰科

大鵟 *Buteo hemilasius*

松雀鹰 *Accipiter virgatus*

犀鸟目戴胜科

戴胜 *Upupa epops*

佛法僧目翠鸟科

普通翠鸟 *Alcedo atthis*

蓝翡翠 *Halcyon pileate*

啄木鸟目啄木鸟科

星头啄木鸟 *Dendrocopos canicapillus*

隼形目隼科

游隼 *Falco peregrinus*

红隼 Falco tinnunculus

雀形目卷尾科

发冠卷尾 Dicrurus hottentottus

雀形目伯劳科

棕背伯劳 *Lanius schach*

雀形目鸦科

红嘴蓝鹊 *Urocissa erythrorhyncha*

大嘴乌鸦 *Urocissa erythrorhyncha*

喜鹊 *Pica pica*

灰喜鹊 *Cyanopica cyanus*

松鸦 *Garrulus glandarius*

雀形目山雀科

大山雀 *Parus cinereums*

雀形目长尾山雀科

银喉长尾山雀 *Aegithalos caudatus*

雀形目鹎科

白头鹎 *Pycnonotus sinensis*

雀形目河乌科

褐河乌 *Cinclus pallasii*

雀形目鸫科

虎斑地鸫 *Zoothera dauma*

雀形目鹟科

红尾水鸲 *Rhyacornis fuliginosa*

北红尾鸲 *Phoenicurus auroreus*

雀形目鹡鸰科

白鹡鸰 *Motacilla alba*

雀形目燕雀科

金翅雀 *Carduelis sinica*

三道眉草鹀 *Emberiza cioides*

爬行类

有鳞目壁虎科

无蹼壁虎 *Gekko swinhonis*

有鳞目石龙子科

铜蜓蜥 *Sphenomorphus indicus*

有鳞目游蛇科

黑眉锦蛇 *Elaphe taeniura*

赤链蛇 *Dinodon rufozonatum*

玉斑锦蛇 *Elaphe mandarina*

两栖类

无尾目蟾蜍科

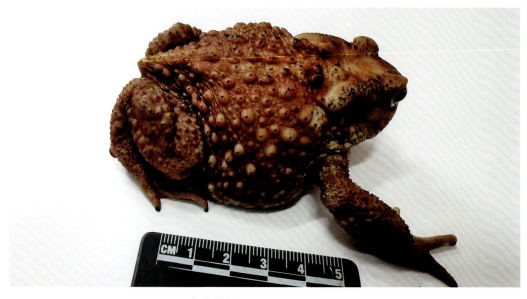

中华蟾蜍 *Bufo gargarizans*

无尾目蛙科

中国林蛙 *Rana chensinensi*

黑斑侧褶蛙 *Palophylax nigromaculata*

鱼类

鲤形目鮈科

拉氏鱥 *Rhynchocypris lagowskii*

鳙 *Hypophthalmichthys nobilis*

鲤形目鮈科、鳅科

麦穗鱼（a）*Pseudorasbora parva*　中华鳑鲏（b）*Rhodeus sinensis*

鲤形目鲤科

鲫 *Carassius auratus*

无脊椎动物

鳞翅目蝶类

丝带凤蝶 *Sericinus montelus*

菜粉蝶 *Pieris rapae*

斗毛眼蝶 *Lasiommata deidamia*

黑弄蝶 *Daimio tethys*

牧女珍眼蝶
Coenonympha amaryllis

老豹蛱蝶
Argyronome laodice

鳞翅目夜蛾科

庸肖毛翅夜蛾 *Thyas juno*

枯艳叶夜蛾 *Eudocima tyrannus*

环夜蛾 *Spirama retorta*

红尺夜蛾 *Dierna timandra*

三斑蕊夜蛾 *Cymatophotopsis trimaculata*

客来夜蛾 *Chrysorithrum amata*

棉铃虫 *Helicoverpa armigera*

丹日明夜蛾 *Sphragifera sigillata*

陌夜蛾 *Trachea atriplicis*

畸夜蛾 *Borsippa quadrilineata*

短栉夜蛾 *Brevipecten captata*

淡银纹夜蛾 *Macdunnoughia purissima*

小地老虎 *Agrotis ipsilon*

黄地老虎 *Agrotis segetum*

甘蓝夜蛾 *Mamestra brassicae*

八字地老虎 *Xestia c-nigrum*

梨剑纹夜蛾 *Acronicta rumicis*

太白胖夜蛾 *Orthogonia tapaishana*

鳞翅目枯夜蛾科

落叶松毛虫 *Dendrolimus superans*

马尾松毛虫 *Dendrolimus punctatus*

杨褐枯叶蛾 *Gastropacha populifolia*

苹枯叶蛾 *Odonestis pruni*

鳞翅目苔蛾科

之美苔蛾 *Miltochrista ziczac*

优美苔蛾 *Miltochrista striata*

松美苔蛾 *Miltochrista defecta*

血红雪苔蛾 *Cyana sanguinea*

鳞翅目灯蛾科

星白雪灯蛾 *Spilosoma menthastri*

点浑黄灯蛾 *Rhyparioides metelkana*

鳞翅目刺蛾科

褐边绿刺蛾 Parasa consocia

桑褐刺蛾 Setora postornata

梨娜刺蛾 Narosoideus flavidorsalis

黄刺蛾 Monema flavescens

鳞翅目毒蛾科

白毒蛾 Arctornis l-nigrum

折带黄毒蛾 Euproctis subflava

鳞翅目尺蛾科

双云尺蛾 *Biston regalis*

木橑尺蛾 *Culcula panterinaria*

焦边尺蛾 *Bizia aexaria*

柿星尺蛾 *Percnia giraffata*

丝棉木金星尺蛾 *Calospilos suspecta*

核桃四星尺蛾 *Ophthalmitis albosignaria*

猫眼尺蛾 *Problepsis superans*

雪尾尺蛾 *Ourapteryx nivea*

萝藦艳青尺蛾 *Agathia carissima*

钩线青尺蛾 *Geometra dieckmanni*

黄星尺蛾 *Arichanna melanaria fraterna*

苹烟尺蛾 *Phthonosema tendinosaria*

槐尺蛾 *Semiothisa cinerearia*

尘尺蛾 *Hypomecis punctinalis*

鳞翅目天蛾科

蓝目天蛾 *Smeritus planus*

曲线蓝目天蛾 *Smeritus litulinea*

核桃鹰翅天蛾 *Oxyambulyx schauffelbergri*

日本鹰翅天蛾 *Oxyambulyx japonica*

榆绿天蛾 *Callambulyx tatarinovi*

枣桃六点天蛾 *Marumba gaschkewitschi*

豆天蛾 *Clanis bilineata tsingtauica*

盾天蛾 *Phyllosphingia dissimilis*

葡萄缺角天蛾 *Acosmeryx naga*

葡萄天蛾 *Ampelophaga rubiginosa*

图片展示

甘薯天蛾 *Herse convolvuli*

霜天蛾 *Psilogramma menephron*

红天蛾 *Deilephila elpenor*

蒙古白肩天蛾 *Rhagastis mongoliana*

构月天蛾 *Parum colligata*

平背天蛾 *Cechenena minor*

绒星天蛾 *Dolbina tancrei*

栗六点天蛾 *Marumba sperchius*

黄脉天蛾 *Amorpha amurensis*

小豆长喙天蛾 *Macroglossum stellatarum*

鳞翅目舟蛾科

锯齿星舟蛾 *Euhampsonia serratifera*

刺槐掌舟蛾 *Phalera grotei*

黑带二尾舟蛾 *Cerura felina*

核桃美舟蛾 *Uropyia meticulodina*

弯臂冠舟蛾 *Lophocosma nigrilinea*

沙舟蛾 *Shaka atrovittatus*

燕尾舟蛾 *Furcula furcula*

丽金舟蛾 *Spatalia dives*

鳞翅目大蚕蛾科

绿尾大蚕蛾 *Actias ningpoana*

鳞翅目箩纹蛾科

黄褐箩纹蛾 *Brahmaea certhia*

鳞翅目木蠹蛾科

芳香木蠹蛾 *Cossus cossus orientalis*

鳞翅目草螟科

白蜡绢须野螟 *Palpita nigropunctalis*

旱柳原野螟 *Proteuclasta stotzneri*

半翅目蝉科

蟪蛄 *Platypleura kaemferi*

黑蚱蝉 *Cryptotympana atrata*

半翅目盾蝽科

金绿宽盾蝽 *Poecilocoris lewisi*

半翅目土蝽科

大鳖土蝽 *Adrisa magna*

半翅目蝽科

茶翅蝽
Halyomorpha halys

珀蝽
Plautia fimbriata

半翅目猎蝽科

南普猎蝽
Oncocephalus philippinus

鞘翅目瓢虫科

异色瓢虫 *Harmonia axyridis*

二星瓢虫 *Adalia bipunctata*

鞘翅目花金龟科

肋凹缘花金龟 *Dicranobia potanini*

宽带鹿花金龟 *Dicronocephalus adamsi*

鞘翅目花金龟科

鞘翅目叩甲科

褐锈花金龟
Poecilophilides rusticola

沟线角叩甲（沟叩头虫）
Pleonomus canaliculatus

鞘翅目锹甲科

褐黄前锹甲 *Prosopocoilus astacoides*（雄）

褐黄前锹甲 *Prosopocoilus astacoides*（雌）

扁锹甲 *Dorcus titanus platymelus*

鞘翅目天牛科

云斑白条天牛 *Batocera horsfieldi*

鞘翅目步甲科

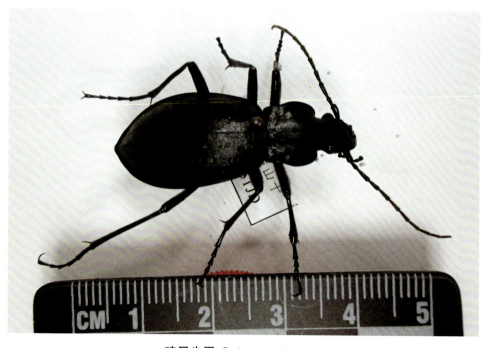

暗星步甲 *Calosoma lugens*

双翅目食蚜蝇科

长尾管蚜蝇
Eristalis tenax

短腹管蚜蝇
Eristalis arbustorum

蜚蠊目鳖蠊科

冀地鳖 *Polyphaga plancyi*

蜈蚣目蜈蚣科

少棘蜈蚣 *Scolopendra subspinipes*

蚰蜒目蚰蜒科

大蚰蜒 *Thereuopoda clunifera*

山蚰目山蚰科

约安巨马陆 *Spirobolus bungii*

其他

河南太行山猕猴国家级自然保护区界碑

河南太行山猕猴国家级自然保护区区碑

大塘保护站东南侧景观（夏季）

大塘保护站东南侧景观（冬季）

河南太行山猕猴国家级自然保护区（博爱段）西侧大泉湖（夏季）

河南太行山猕猴国家级自然保护区（博爱段）西侧大泉湖（秋季）

河南太行山猕猴国家级自然保护区（博爱段）秋季景观

河南太行山猕猴国家级自然保护区（博爱段）秋季景观（红叶）

靳家岭自东向西鸟瞰（冬季）

靳家岭远眺青天河

河南太行山猕猴国家级自然保护区（博爱段）西侧青天河村

河南太行山猕猴国家级自然保护区（博爱段）夏季林海风光

河南太行山猕猴国家级自然保护区（博爱段）东缘景观

孤山村周边风景（冬季）

孤山村周边风景（冬季）

野外动物调查掠影

啮齿动物取食后的杏核

食肉动物粪便

红腹锦鸡脱落羽

蒙古兔新鲜粪样

河南太行山猕猴国家级自然保护区（博爱段）捡拾到的野猪骨骼

中华蟾蜍自然"蜕皮"

野外监测猕猴

工作照

大塘保护站开展灯诱工作

灯诱下的绿尾大蚕蛾

靳家岭保护站开展灯诱工作

制作昆虫标本

待干燥的昆虫

野外考察

布设红外相机

利用无人机进行观察监测

野外调查